验房从业人员职业能力培训教材

验房基础知识与实务

中国房地产业协会　组织编写
王宏新　杨志才　赵　军　主　编
闫　钢　周伟明　赵　伟　张　朝　副主编

中国建筑工业出版社
中国城市出版社

图书在版编目（CIP）数据

验房基础知识与实务 / 中国房地产业协会组织编写 ；
王宏新，杨志才，赵军主编 ；闫钢等副主编. -- 北京 ：
中国城市出版社，2024. 7. -- (验房从业人员职业能力
培训教材). -- ISBN 978-7-5074-3729-4

Ⅰ. TU712.5

中国国家版本馆 CIP 数据核字第 2024VJ1485 号

责任编辑：毕凤鸣
文字编辑：王艺彬
责任校对：赵　力

验房从业人员职业能力培训教材
验房基础知识与实务
中国房地产业协会　组织编写
王宏新　杨志才　赵　军　主　编
闫　钢　周伟明　赵　伟　张　朝　副主编
*
中国建筑工业出版社、中国城市出版社出版、发行（北京海淀三里河路 9 号）
各地新华书店、建筑书店经销
国排高科（北京）人工智能科技有限公司制版
北京圣夫亚美印刷有限公司印刷
*
开本：787 毫米 × 1092 毫米　1/16　印张：11¾　字数：257 千字
2024 年 8 月第一版　　2024 年 8 月第一次印刷
定价：**50.00** 元
ISBN 978-7-5074-3729-4
（904684）

电话：（010）58337283　　QQ：2885381756
（地址：北京海淀三里河路 9 号中国建筑工业出版社 604 室　邮政编码：100037）

本书编委会

组织编写

中国房地产业协会

编委会主任

冯　俊　中国房地产业协会原会长、特聘专家

编委会副主任

沈月祥　中国房地产业协会驻会名誉副会长
温兆晔　中国房地产业协会教育工作委员会秘书长

主编

王宏新　北京师范大学
杨志才　上海润居技术服务有限公司
赵　军　上海润居技术服务有限公司

副主编

闫　钢　上海润居技术服务有限公司
周伟明　上海润居技术服务有限公司
赵　伟　北京沣浩达工程检验服务有限公司
张　朝　贝壳圣都（浙江）建筑装饰工程有限公司

主审

董文斌　湖北城市建设职业技术学院院长，住房城乡建设部质量安全专业委员会秘书长，教授级高级工程师
杨碧华　湖北省建设工程质量安全监督总站站长

编委会成员（按姓氏笔画排序）

万建国　广西建设职业技术学院
王　浩　中国海外宏洋集团有限公司
王光炎　枣庄科技职业学院
尹　治　北京佳合众物业服务评估监理有限公司
史风文　辽宁鑫阖缘房屋质量检测技术服务有限公司
白　扬　西安城市建设职业学院
任玲玲　上海润居技术服务有限公司
刘国权　绿城建筑科技集团有限公司
刘　娟　湖北城市建设职业技术学院
刘　源　北京顶峰评价科学技术研究院
刘奕斌　珠海响鼓锤房地产咨询有限公司
刘桂海　江西师范大学城市建设学院
刘新瑜　浙江商业职业技术学院
闫　尚　上海润居技术服务有限公司
江波涛　广州市装付宝装饰工程质量鉴定有限公司
祁艳飞　贝壳圣都（浙江）建筑装饰工程有限公司
孙　涛　上海润居技术服务有限公司
李　彪　上海润居技术服务有限公司
李云朋　上海润居技术服务有限公司
李恒伟　汇众三方（北京）工程管理有限公司
杨　亮　广州乐居工程咨询有限公司
杨广晖　山东建筑大学
肖　菊　苏州嘉居乐工程质量检测有限公司
吴传兵　上海润居技术服务有限公司
何　勇　上海筑新窝工程监理有限公司
应佐萍　浙江建设职业技术学院
沈梓煊　上海润居技术服务有限公司
宋金强　武汉验房网啄屋鸟工程顾问有限公司
张　丽　北京建筑大学
张　杰　辽宁城市建设职业技术学院
张立君　山东房地产教育培训中心
张国强　山东城市建设职业学院
张明磊　杭州骏宇验房咨询服务有限公司

张所林　上海润居技术服务有限公司
张洪领　长春澳译达验房有限公司
邵学超　上海润居技术服务有限公司
武　庄　深圳瑞捷技术股份有限公司
林　荫　广东省人民医院
欧阳辉　广东建设职业技术学院
侍崇圆　上海润居技术服务有限公司
金立新　通辽市地中海物业服务有限公司
周　勇　上海润居技术服务有限公司
周　辰　山东房师傅验房科技有限公司
周益虎　上海润居技术服务有限公司
郑小飞　深圳市鼎能集团有限公司
房旭良　青岛安信宜居验房环保工程有限公司
屈睿瑰　广州城市职业学院
赵　鹏　江苏和茂工程质量检测有限公司
赵伟强　《城市开发》杂志社有限公司
侯凯歌　上海润居技术服务有限公司
姜　林　保利物业服务股份有限公司
姜桂春　上海宜安居工程检测技术服务有限公司
贺寅宇　北京怡生乐居信息服务有限公司
徐　超　上海润居技术服务有限公司
高雪峰　中国房地产业协会技术工作委员会
高　华　广州城建职业学院
唐佩佩　北京自如住房租赁有限公司
陶晓忠　上海润居技术服务有限公司
黄　薇　北海职业学院
黄泽文　广东达智高地置业发展有限公司
黄晓畅　广州正霆工程技术有限公司
董书慧　中国房地产业协会教育工作委员会
董　娟　黑龙江建筑职业技术学院
程贵彬　江苏和茂工程质量检测有限公司
曾　森　青岛理工大学
曾福林　湖南城建职业技术学院
廉　静　滕州市工程建设监理技术服务中心
潘旭华　上海润居技术服务有限公司

前　言

验房师职业的兴起，源于市场需求和房地产行业发展变迁。验房师职业化之路仍处于起步阶段，存在诸多问题亟待规范。提升验房从业者专业素质，不仅关乎消费者居住品质，更是规范验房行业、推动整个房地产业健康持续发展的内在要求。当前，验房行业主力军主要依赖于企业内部传承，高等、职业院校的专业设置和规范化的职业培训相对缺失，市场上的培训标准不一、服务内容和质量参差不齐。

随着“验房师”被正式纳入《中华人民共和国职业分类大典（2022 年版）》，这一新兴职业在国家层面得到肯定和认可，为验房专业人才培养和发展铺设了坚实道路。中国房地产业协会从申请设立验房师新职业、承担《验房师国家职业标准》编制，到搭建“中国验房”服务平台、组织编写《验房从业人员职业能力培训规范》及配套教材，一直致力于推动验房行业规范化、标准化、职业化进程。

本套“验房从业人员职业能力培训教材”是为了配合《验房师国家职业标准》编制和《验房从业人员职业能力培训规范》理解和应用，组织高校学者、业内专家编写的一套系统全面的面向验房行业的培训教材，旨在通过详尽的体系梳理和实操指导，培养具备专业知识和技能的验房从业人员，准确掌握现代验房所需的必备技能，快速查找验房最常涉及的法律法规和标准规范。

本书为“验房从业人员职业能力培训教材”的《验房基础知识与实务》分册。全书共分十章，依次介绍了验房的基础知识、验房流程、实地验房的具体操作、现代信息化工具的使用、验房报告的编制方法、验房常见质量问题等。每一章节都精心编排，旨在通过理论学习与实践操作相结合，引导学员走向专业化、职业化。

本套培训教材的问世，离不开北京师范大学王宏新教授、上海润居技术服务有限公司杨志才和赵军三位主编多年来的倾力合作。三位主编在中国建筑工业出版社出版的“房屋查验从业人员培训教材”七年来多次重印，获得了行业的肯定和认可。本次继续担纲教材主编，夯实了中国验房行业化和职业化培训教材的基础，也为新时代建筑工程高质量发展注入了新的知识力量。

中国房地产业协会原会长、特聘专家冯俊先生，驻会名誉副会长沈月祥先生，教育工作委员会秘书长温兆晔先生对教材出版给予了悉心指导。湖北城市建设职业技术学院院长，住房城乡建设部质量安全专业委员会秘书长董文斌、湖北省建设工程质量安全监督总站站长杨碧华两位主审专家认真审稿和严格把关，使教材内容质量上了一个新的层次。本套教材在编写过程中，参考了大量的文献资料和同行的实操案例，在此一并致谢！

本套培训教材既可用于行业从业人员培训，也适用于本领域大专、职业院校，以及作为广大验房企业经营管理者、相关行业行政管理者的重要参考。教材组织编写和培训推广工作由中国房地产业协会职业能力建设办公室具体负责，联系方式：010-64801731，13911920400。

目 录

第 1 章

验房概述

1.1 验房的定义和内容

20 世纪 50 年代以来，随着西方发达国家房地产交易量持续上升，特别是二手房市场交易空前活跃，由买卖双方在交易时对房屋现状确认不清而导致的后续纠纷逐渐增多。在此背景下，“验房”成为人们在房地产交易过程中必不可少的环节之一。

1.1.1 什么是验房

验房（Home Inspection）全称为房屋查验，可分为广义验房和狭义验房。

狭义上的验房是指在房地产交易过程中对当前房屋状况进行第三方检测与鉴定的一种行为。它是通过对房屋各主要系统及构件（包括结构、装修、设备及附属装置）的当前性状进行检测，以确认房屋状态、检测设施性能、提供检测报告，从而协助顾客进行房屋交易的过程。

广义上的验房是指房屋建造全过程质量查验，包括设计、施工、交付前准备、交付及使用等各个阶段，涉及质量管理行为查验、实体质量查验、观感及使用功能查验等内容，旨在为开发商提供风险评估报告，提出整改提升建议，保证品质交付。

1.1.2 验房流程与内容

验房通常需要 2～3h（100m^2），根据房屋的类型、大小有所不同。验房师按照房屋查验相关行业标准对房屋从上到下，由里到外检查一遍，其中包括检查室外场地、屋面、地下室、各楼层、阁楼、水电设施，并启动配套设备等，最后会将一份书面报告交给顾客。在验房过程中，顾客及代理经纪最好能够全程跟踪，这样，可以和验房师及时讨论一些问题，并会了解到许多房屋维护保养知识和一些设备的操作使用方法。

具体来讲，完整的验房工作要完成以下三方面的主要内容：

（1）确认房屋状态，用定量的数据和定性的语言描述房屋即时状态；

（2）检测设施性能，检查房屋内各种设施是否具有完整的使用功能；

（3）出具验房报告，为交易双方提供以独立第三方身份填写的验房报告。

1.2 交易环节验房的意义和作用

验房作为第三方市场力量的出现，有着客观、深刻的市场和社会背景。一方面，消费者缺乏建筑及房地产专业知识，难以辨别所交易房屋的性能和质量好坏；另一方面，交易双方彼此不信任也增加了交易障碍，这就需要验房师作为独立的第三方，对交易时的房屋性状进行客观判断，并以此作为房屋交易的重要依据。

1.2.1 避免交易双方信息不对称

信息不对称是指市场上不同交易主体所拥有的信息量是不同的，即某些参与者拥有信息，而另一些参与者不拥有信息，或是一方拥有的信息多，另一方拥有的信息少。信息不对称是导致市场失灵的主要原因之一，会妨碍市场配置资源效率、影响经济增长与发展。

房屋交易中的信息不对称主要是指卖房者处于信息优势地位，而买房者处于信息劣势地位。在房产交易时，信息不对称现象更加突出。具体而言是指买卖双方对包括房屋质量、产权性质等内在属性所拥有信息的差异性，一般来说，房屋卖主对房屋的质量、产权属性等状况非常了解，而买主却知之甚少，信息不对称。信息不对称会导致如下后果：

1. 房屋交易中的“逆向选择”

“逆向选择”是指在买卖双方信息非对称的情况下，差的商品总是将好的商品驱逐出市场，即拥有信息优势的一方，在交易中总是趋向于作出这样的选择——尽可能有利于自己而不利于别人。以二手房的交易来分析这个问题。在二手房交易过程中，处于信息劣势地位的买房者由于缺乏对房屋评估的专业知识，往往会根据二手房市场中所售房屋的平均质量出价，而卖主则根据买方的出价来提供低于买方出价的质次二手房，而那些高于买方出价（或高于二手房平均质量）的优质二手房会选择退出市场，从而使得二手房市场充斥着大量的次品。在现实中，我们可以看到卖房者出售的二手房多为楼层、朝向、结构不好或区位较差的房屋。

2. 引发交易纠纷

房产交易中的信息不对称还引发了各种类型的交易纠纷。与买房者相比，卖房者更清楚房屋的真实产权和质量性能状况，如果他不向买房者提及上述状况或是故意隐瞒房屋的真实产权状态，买房者很容易忽略上述情形。最后往往造成买卖合同已签订、买方首期款也已支付给业主后，在办理产权过户或使用过程中，才发现房屋有产权或质量缺陷，由此给买方造成很大的损失。

因此，建立专业的房屋质量评估检验机构很有必要。通过建立科学、标准的房屋质量评估检验机构，对房屋质量予以检测与鉴定，从而可以有效地解决新房市场收房纠纷和二手房交易过程中的“逆向选择”问题。购房者根据专业评估机构出具的房屋质量检测报告作出交易决策，避免交易纠纷。

1.2.2　避免交易双方彼此不信任

房屋交易过程中，购房者、租赁者等往往缺乏建筑专业背景，无法对房屋质量进行客观、公正、全面的评判。同时，房屋交易的买卖双方多互不相识，彼此的信任很难立刻建立，在房屋的质量问题上往往难以达成一致意见。为保证交易顺利进行，就需要请专业的验房企业来对房屋进行检验，出具科学的检验报告。验房企业和验房师作为独立的第三方，和房屋及买卖双方没有直接的利害关系，对房屋质量的技术评价客观、公正，容易被买卖双方接受，从而促成交易的达成。

总之，验房企业作为第三方检测与鉴定机构介入房屋交易是非常必要的，为买卖双方提供验房服务，可以减少交易纠纷，提高住房市场交易效率，促进经济社会的可持续发展。

1.3　施工中验房的意义和作用

施工中的验房主要面向的客户是各大开发商，是第三方验房企业，作为独立的第三方参与施工，对正在施工中的房屋从质量维度、客户维度和风险维度，提出房屋所存在的问题和风险点，通过问题和风险点倒逼管理进步的方式，提升施工品质，降低项目管控风险。

1.3.1　工程监理与验房服务的比较

工程监理与验房服务在服务依据和服务范围上都有不同，在服务依据上工程监理是项目“五方责任主体之一”，依据法律法规承担项目监理责任，而验房服务是接受客户委托对合同履约承担责任，在资质管理上，工程监理需要具备一定资质，而验房服务现处于法律法规引导产业发展阶段，没有相应的资质要求。两者在工作目标、工作内容、方式与工作成果和用途上存在不同（具体参见表 1.3.1）。

工程监理与验房服务的比较　　　　表 1.3.1

比较项目	工程监理	验房服务
法律责任与业务依据	监理单位属于建筑工程项目“五方责任主体”之一，依据《中华人民共和国建筑法》《建设工程监理规范》等法律法规和行业规范对工程项目承担监理责任	验房服务由委托方自主聘请，验房机构对委托方承担服务合同履约责任
业务资质要求	国家对工程监理单位实施资质管理。《工程监理企业资质管理规定》对监理单位的资质要求做出了明确规定和细致划分	国家对验房服务尚无具体业务资质许可要求。目前法律法规、产业政策均鼓励引导验房服务等工程服务业态的发展

续表

比较项目	工程监理	验房服务
工作目标	依法依规对工程安全、质量、进度等进行监督管理	以客户需求为导向，重点降低工程风险，提高工程品质和综合效益
工作内容与方式	监理单位常驻工程现场，依法依规，在施工阶段对建设工程质量、造价、进度进行控制，对合同、信息进行管理，对工程建设相关方的关系进行协调。根据建设需求，可在建设工程勘察、设计、施工等阶段提供相关监理服务，充分发挥监督管理作用	验房服务公司不常驻工程现场，按合同约定，根据客户需求对工程项目提供验房和工程咨询服务
工作成果和用途	监理单位工作成果包括开工前对施工方案、图纸会审、分包单位资格提出审查意见；施工过程中日常监理并出具监理日志、旁站记录等报告文件；工程验收阶段审查竣工验收申请，编写工程质量评估报告，签署竣工验收意见等。监理工作的完成是建设工程验收的基本前提	第三方验房机构依据与委托方的合同约定，针对建设工程施工质量、工程管理等方面的不足，输出当日验收成果明细、日报、业主敏感点报告、项目阶段性报告、品质提升报告及项目结案报告等，并提供有针对性的改进建议帮助委托单位履行职责，提升工程品质，降低工程风险，提高综合效益

1.3.2　提升施工过程品质

强化施工过程管理，确保房屋品质和工程质量。在品质控制中施工过程是重要的一环，施工过程的验房重点是工序质量的验收，每道工序开始前及施工过程中都要对影响工序质量的条件或因素进行控制。每道工序完成后要及时检查验收，确认其是否已经达到预定的质量标准。如混凝土结构浇筑前，安排专人对板厚及构件尺寸进行复测；在墙钢筋绑扎完成后，要对照图纸对钢筋规格、数量、间距等进行验收。

1.3.3　为施工过程管理赋能

通过过程验房，建立第三方机构发现问题、向施工单位反馈问题、建设单位（委托人）督促解决问题的工作机制，能及时有效发现建设过程中的管理漏洞，补齐参建各方的管理短板，帮助提高工程品质。

1.3.4　降低项目管控风险

项目在各阶段的不确定性决定了项目的风险性，如果没有很好的风险管理，项目就会因为这些不确定的因素而受到影响。然而第三方验房机构在项目施工阶段通过对项目内所有房屋进行验收，将不确定转为确定性风险，更加有利于项目的风险控制，降低项目管控风险。

第2章

验房行业发展

2.1 发达国家验房业发展概况

美国的住宅验房师产生于20世纪50年代中期，是发达国家中最早萌生这一职业的国家。随着美国房地产市场进入快速增长期，到20世纪70年代早期，验房被众多客户认为是房地产交易中必要的一环，大量的消费者在购房过程中急需专业的咨询服务。由于大多数家庭对房屋的各种专业知识知之甚少，或者理解肤浅，在作出购房的重大决定时，难以作出决断。这时就需要专业人员为其指点迷津，提供准确到位的咨询服务。所以，由第三方来承担验房任务，是现代发达国家的惯例。美国的普遍做法是委托职业验房师对准备出售或购置的住宅进行检验、评估，目的是使买卖双方全面了解住宅的质量状况；在法国房屋交易前必须由验房师对房屋进行检验，出具验房报告才能进行交易。

2.1.1 四大特点

总体来看，发达国家验房业起步较早，发展逐渐步入正规化与制度化，从业人员队伍不断扩大，水平持续提高，对房屋的质量维护与寿命延长起了较为明显的作用。从行业发展角度来看，发达国家验房业具有专业化、标准化、制度化和精细化四大特点。

1. 专业化

发达国家验房业的专业化体现在验房从业人员、验房工具与验房报告的专业化三个方面。

1）验房具有专业的从业人员，而且需要通过一定的职业资格考试。在加拿大安大略省，政府颁布了《验房师注册登记管理条例》，对验房师实行自愿注册登记制度，并授权安大略省验房师协会具体负责实施验房师的培训、考核、注册登记等工作。

2）验房需要专业的仪器设备，用以检测房屋的特别部位。发达国家的房屋检验设备很专业。

3）验房报告有专业固定的术语和格式，便于行业的规范管理。验房报告是验房完成后提交给客户的一份完整记录，主要包括四部分内容。

（1）基本信息：对客户、验房师以及查验目标房屋的基本情况进行记录；

（2）验房内容：在验房前，验房师须向客户介绍验房工作的业务范围及工作方式、方法，客户了解之后，双方须在该文本上签字以示对验房业务的认可和同意；

（3）验房情况描述：分为选择性描述与备注描述两部分，选择性描述是对照标准勾选符合内容；备注性描述是根据房屋的独有特性进行描述；

（4）签字确认：客户与验房师在《验房报告》上签字确认相关内容。

2. 标准化

在验房业较为成熟的国家和地区，都有明确的验房标准。这些标准既是验房师从业中需要遵循的步骤、方法和检测房屋的评判标准，也是验房师出具验房报告的基本依据。例如，在加拿大安大略省，有统一的验房师协会，协会颁布了《操作标准》（*Standards of Practice*）和《职业道德准则》（*Code of Conduct*）用来指导验房师的验房操作。

其中，《操作标准》对验房师如何实施每一步验房工作进行了细致规定，例如，如何与客户接触，验房过程中如何检查每一个部位，最后的验房报告如何出具等。而《职业道德准则》则对验房师的职业道德提出要求，例如，要事先告诉业主验房具有局限性，有些部位不能够检测得到等。验房师在验房过程中应本着中立、客观的职业态度，不受业主或其他因素的影响，以免对房屋性状的判定失之偏颇。

小贴士 >>>>>

许多非客观及不能被查验的部位将不包括在查验范围内。

在发达国家，验房报告并不是一个保证书，因为验房过程只是可察觉性地检查，并没有全面的技术质量测试，所以它无法保证被检查的房屋构件在未来某段时间内不会坏掉。同时，验房不可能检查出房屋所有构件的潜在问题，只能检查能看到和察觉到的问题，有一些房屋内部构造问题，验房查不出来，例如，整个地基、结构内在质量等。

3. 制度化

发达国家对验房师的管理主要通过成立验房师协会实现自律管理，制定作业标准，指导全国验房师开展工作。美国验房师协会成立于 1976 年，为民间非营利性专业社团，其分支机构覆盖了全美各大洲和主要的大都市地区。加拿大验房师协会（英属哥伦比亚省验房师协会）成立于 1991 年，与美国验房师协会共同代表了北美地区最值得尊敬的老资格专业验房师组织，它在整个加拿大地区有七所省级分会。继美国之后，欧洲国家（除原东欧国家及俄罗斯之外）也先后于 20 世纪 70 年代至 80 年代成立了相应的全国性验房师协会。

4. 精细化

发达国家验房内容详细而又具体，并且因为服务对象不同而深度不同。一般验房过程大约都要持续两到三个小时。验房中验房师会从里到外、从下到上通过观察、操作运行来检查上下水管道、加热制冷、电力和家用电器系统，同时检查房屋建筑结构如屋顶、地基、地库、内外墙、烟囱、门窗等部件。从常见的验房报告中可以看到，整个验房覆盖了大约

400 个项目的 1000 多个检查点，报告评估了房子的状况，指出当前已经存在的问题和维修需要的开销。

例如，一位业主在美国要出售一套商品房，买主聘请两位验房师进行检验，不放过任何一个细节，甚至检测了自来水的流量，而这栋房子偏偏水压不足，当几个水龙头同时打开时，水流量小的问题立即暴露无遗，房屋买卖最终未能成交。

2.1.2　验房类型

在发达国家，由于房屋所处的时点、状态不一样，消费者聘请验房师验房的目的也不相同，而不同的验房目的又决定了验房的范围与内容以及收费模式的不同。

1. 下单前的验房

下单前的验房是指买方对某一房屋特别有兴趣，在下 offer 之前（即买卖协议签订之前），为了解房屋的状况并做到心中有数，安排对房屋进行一次检验。这样，买方就可以在将来合同中取消验房条件。

此外，在买卖双方事先已达成某种意向，或在卖方不接受协议中有验房条款的情况下，这种方式也较为合适。

2. 买房前验房

这是最常见的一种验房形式。在房屋买卖协议签订之后，但在正式生效之前，卖方根据协议中的验房条款，安排对他们将要交易的重售房（即二手房）进行一次检验。验房师将对构成房屋的主要系统和构件进行客观的视觉上的检查，以确定其是否存在明显的问题，哪些项目需要维修或更换以及可能的费用。其主要目的是鉴定房屋的当前状态，向购房者提供必要的信息和毫无偏见的第三方意见，以帮助他们作一个清楚明白的买卖决定。

3. 卖房前验房

许多聪明的卖家会在房屋投放市场之前做一个验房。这一方面可为买卖提供准确的技术细节，另一方面也可以事先发现些可能会引起买家注意或担忧的问题。这样，卖家就有充分的时间以合理的价格进行一些必要的维修，避免这些问题成为将来买家作为大规模讨价还价甚至不买的依据。即使卖主什么也不想维修或更换，事先把情况和房屋状态向对方解释清楚，对卖主来说也是主动和有益的。有一个专业的验房报告在先，买家可能不再要求在房屋买卖协议中有验房条款。所以说，卖房前验房会使各方更为自信，使买卖更为顺利。

4. 新屋交付前检验

新屋交割检验通常是在买家正式接手新房前进行，这时买家将有机会与建筑商代表一起检查他们的新房。这是买家的权利，在此时将那些未完工和不符合买卖协议的项目指出来并形成文件。对于买家来讲，越早将所有问题指出来就越有利。在这个过程中，验房师将陪同买家，指出那些未完工或有问题的项目，以及材料或工艺上的缺点。

新屋交割检验通常能够发现许多被政府和建筑商检验人员所忽视的问题，使这些问题能及时在新屋保险计划或由建筑商负责维修。顾客最好事先告知建筑商将有验房师参加这样的检验。

5. 新屋保险计划检验

这是加拿大安大略省特有的一种新屋保险计划。新屋保险计划涵盖新房在交割后一年内因工艺或材料引起的问题。这期间，房屋应该适于安全、健康、舒适的居住，并且符合“安大略省建筑规范”要求。新房交割后两年内的由外到内的漏水问题以及水、电、暖气系统的问题，也包含在这个计划中。这个计划还涵盖了七年内主要结构问题。这期间，屋主有责任在各阶段保险过期之前，将所发现的问题以书面形式通知建筑商和新屋保险计划，才能使问题获得恰当的解决。在一年、两年或七年临界时间之前，房主可以联系验房师去检查他们的房屋，以便及时作进一步的处理。

6. 装修前检验

装修前的检验可以为一些业主特别担心或感兴趣的项目提供单项检验服务，例如，关于房屋装修改造、地下室漏水问题、电系统、保温通风系统等。

2.1.3　验房范围与收费标准

在发达国家，对验房有一个共同的认识，即并非房屋内外的所有的东西都会检查到。验房主要针对那些构成房屋的最重要的最基本的系统、构件和设备。也就是那些顾客普遍关心的，影响他们买卖决定的方面。例如，在加拿大安大略省验房师协会的“操作标准”中，详细罗列了哪些项目需要检查，哪些项目需要描述，哪些项目不需要检查以及应该怎样报告。

1. 验房范围

一般需要查验的房屋部位主要包括：地基及结构（外露部分）、中央系统冷暖气、户外部分、保温材料及通风、室内部分、屋顶排水系统、烟囱及天窗、地板结构、屋瓦及屋顶结构、电气系统、给水排水系统、楼梯及扶手、平台、阳台、门窗、墙壁及顶棚等。

除了上述查验内容之外，以下内容不包括在这个标准中（即不包括通常的验房范围内）：电话系统、保安系统、电视 Cable（以上都由专业公司提供服务和维护）、白蚁、水质量、空气质量、环境危害评估等（如氡气、有毒害气体、电磁场危害等）。其原因或者是因为发生的概率较小；或是因为需要特殊的专业训练和设备；或是因耗时太长无法在 2～3h 内完成。虽然这些内容不在我们的工作范围内，但加拿大安大略省验房师协会（OAHI）却非常重视对其成员进行相关教育［如白蚁、UFFI（尿素甲醛泡沫绝缘材料）、石棉等］。所以，一般验房师都具备一定的相关知识，遇到可疑情况，会提醒顾客作进一步的检查。但顾客应该明白：这些内容毕竟不在验房范围内，验房师也不是某一方面的专家。如果有某些特别的担忧，应该主动联系专业机构或人员进行专项检查。

同样，美国验房师协会也对验房的内容作了规定，可以查验的部分分别是：结构体系、外部；室外、屋面；屋顶、水管、电气、暖气、空调、内饰、保温和通风、壁炉和固体燃料的燃烧设备等。而且，在美国验房师协会章程中，也对查验部位进行了约束性限定，即如果通过视觉观测容易检查，就可以作为验房的主要部位。

2. 收费标准

由于验房本身是一种职业，因此提供验房服务要收取相关费用。发达国家验房的费用主要包括两类，一类是验房的费用，包括所有验房过程及最后出具的验房报告的费用；另一类是各种评估费用，例如，节能评估、适用性评估、新旧程度评估等。这里以美国的验房收费标准为例。

在美国，验房收费主要有两种。

第一种是验房收费，其计费范围为$280～$380［自主房屋（即房屋属于自己的，但管线是几户共用的）/半独立/独立屋］。验房费用除了与房屋的类型、面积、新旧、地点等有关外，还与验房师的资格、经验、专业水准、服务品质有关。

第二种是节能评估收费，第一次改进前评估：$300 + GST（政府将补助$150）；第二次改进后评估：$150 + GST。如果对于大房子或较远的旅程，可能收取额外的费用。

2.1.4　验房内容与常见问题

发达国家的验房内容充分表明，验房的业务和主要部位是有局限性的，这主要受到房屋客观条件和验房师技术水平的约束。正因为验房本身存在局限性，所以业主通过验房师所了解的房屋性状也是有限的。验房主要包括以下几方面内容：

（1）房屋的大致建造时间（年份），结构稳固程度。

（2）屋面材料暖气炉、冷气机、热水炉的大致使用年份；未来数年内需要更换的可能性。

（3）室内主要构造柱、梁、板是否有腐蚀破损，丧失承载力等情况。

（4）门窗大致使用年份，是否已做过更换。

（5）室内装修的新旧程度，维持现有功能的时间。

（6）供电大小（60A/100A/200A）；是否需要升级；配电盘类型；内部线路的类型。

（7）电、水、煤气总开关位置及任何操作，暖气炉、冷气机、热水炉的电源位置及操作。

（8）室外墙体表面及外露地基是否有破损、裂纹及孔隙。

（9）其他房屋维护保养知识；有针对性地改进意见和注意事项。

2.2　中国验房业务发展

2.2.1　中国验房业发展历程

近 20 年来，国内兴起了“第三方验房”“民间验房师”等专业验房机构，是顺应市场需要、为购房者和建设者服务、为提升建设工程质量服务的新型第三方验房服务机构。经过多年发展，第三方验房机构已经获得其应有的市场地位，在新建住宅工程质量的保障与提升中作了巨大贡献。

归纳起来，中国验房业发展可以分为以下五个阶段：

1. 第一阶段：孕育和萌芽期（2005 年之前）

从 1998 年住房制度改革之后，我国房地产市场逐渐繁荣，新房销售和二手房交易越来越多。在这一背景下，围绕房屋质量及装修问题的纠纷也不断发生。因此，一些民间的“验房”人士或公司开始浮出水面。他们大多具有工程建设及监理背景，懂专业、懂设备，具有一定的实践经验。因此，从 1998 年到 2003 年，验房业在我国只是零星存在。2003 年及以前还没有“验房师”的称谓，验房鲜人问津，验房的工作特征是“地下的、不自觉的、非职业化的”，市场运作模式主要靠熟人介绍。

2004 年，我国迎来了住房制度改革之后的第一次房地产市场热，大量的住房建设和房屋交易如火如荼，随之而来的各种房屋问题也逐渐增多，其中很多都是因为交易双方信息不对称造成的。市场上迫切需要独立的第三方来客观地评定房屋性状。到 2005 年，少数验房人才自发从传统建筑服务业中分离出来，开始从事专门验房服务，验房市场初露，但未成规模，随着媒体对这一新兴事物的报道，开始有了“验房师”的明确称谓，但仍属于散兵游勇型的半熟人介绍、半市场化的状态。

2. 第二阶段：初步探索期（2006—2010 年）

从 2006 年开始，在前几年自发发展的基础上，“验房师”队伍不断扩大，许多中介公司、工程质量维修公司、物业公司等也纷纷加入验房大军，将验房纳入自己的业务范围。“验房师”处于成长与发展初期，供求双方开始自觉化，供求关系日益明确，开始出现验房企业，从主要靠口碑、事件营销（曝光开发商、推动维权事件等）转向了广告、媒体宣传等现代营销手段来进行市场运作。2008 年、2009 年在我国房地产业发生的几起“楼脆脆”“楼倒倒”“楼歪歪”等事件曝光后，验房走入了更多人的视线。

但是，这一期间，中国验房业发展也出现了乱象，对行业产生了消极影响。典型的例子是一个未经有关行政主管部门批准的“协会”，通过所谓“验房师职业培训”，大量颁发带有“验房师”统一标志的《中国注册验房师资格证书》和《中国注册验房师执业资格证书》，给上千人发“验房师”证，从中牟利，使得市场上一时充斥着各种等级的所谓“验房师”，行业秩序遭到根本性破坏。

3. 第三阶段：提升转型期（2011—2016 年）

2011 年初，《房屋查验（验房）实务指南》由中国建筑工业出版社出版，该书一经面世即受到中国验房界的关注，成为许多验房公司与相关培训机构的必备教材。中国验房人终于有了一套具有初步理论体系的教科书，也标志着中国验房业从粗放发展步入了质量提升期。

同时，近几年来，国内长三角、珠三角一些发达地区的验房公司，在市场上形成了良好的口碑，并开始在区域甚至区外通过直营、连锁或加盟等形式实现快速发展。在业务领域，有一些验房公司通过对收房前毛坯房工程质量检测、精装修检测与复测以及收房后的装修装饰监理、环境检测等业务，极大地拓展了小客户业务；也有验房公司因小客户市场的第三方独立运营而受到开发商认可，其业务从小客户转向大客户，开发出了第三方实测实量、一房一验、协助交房（第三方交房）和第三方质量评估等大客户业务。在技术方面，基于移动互联网等新一代验房软件的出现，使得验房业紧跟时代步伐，向着更加专业化的方向发展。

4. 第四阶段：规范发展期（2017—2021 年）

随着中国城镇化速度放缓，房地产行业进入一个全新的发展周期，主要特点是由过去的“高周转增长”转型为“高质量增长”。在新周期中，各大房企比拼的不仅是财务能力、产品能力，还要比拼品质力、服务力。同时，新一代购房者入场，主要以 80 后为主体，对房屋品质提出了更高要求，功能适用、美观舒适、环保节能等诉求逐年增多。开发商为了在市场竞争中赢得更多客户、获取品牌溢价，也越来越多地引进第三方验房机构，赋能整个项目建造期的质量管理。据不完全统计，70%的开发商均使用第三方辅助管理。第三方机构通过多年对小业主的验房服务案例沉淀，研发创新推出建筑管理咨询，项目驻场管控，工程检测评估等多种解决方案，帮助地产控风险“提品质，好交付”。

5. 第五阶段：职业发展期（2022 年至今）

2022 年 9 月 27 日，《中华人民共和国职业分类大典（2022 年版）》审定颁布会在京召开。新版大典净增了 158 个新职业。其中，“验房师”作为新职业之一被正式纳入大典，这也是此次大典修订中房地产领域唯一的新增职业。2022 年 10 月中下旬，中国就业培训技术指导中心、中国房地产业协会正式启动《验房师国家职业标准》编制，这标志着“验房师”正式成为中国房地产业从业领域的新型法定职业。

通过验房师独立、公正、专业的验房服务，有望帮助消费者弥补专业缺陷，在房屋交付前解决房屋质量问题，避免更多纠纷发生；同时，还能通过第三方的专业力量介入，倒逼开发企业更加注重产品质量，快速反馈需求侧核心诉求，在项目建设全周期内促进房屋质量工程提升。

总之，“验房师”这一新职业的确立，是从国家层面对这一新型职业的行业价值和社会价值的充分肯定，将打通职业发展新通道，也将极大地推动第三方验房机构发展，对新时代房地产与住房行业高质量发展、更好满足百姓“安居梦”具有里程碑意义。

2.2.2　中国验房业发展现状

经过整整 20 年，中国验房师及验房企业从无到有，从小到大，验房师队伍无论数量还是质量都有了很大的提高，验房业逐渐向专业化、职业化和市场化方向发展。

1. 验房需求逐年增加，验房师队伍不断扩大

验房业的发展壮大，是当今置业百姓消费能力提高、消费观念转变、质量维权意识日益强化、社会竞争加剧、劳动分工日益专业和精细化的必然结果，标志着中国原来以面向企业和政府等为主的咨询服务业开始进入寻常百姓家。

十多年前，除了长三角、珠三角等经济发达省份有少量民间自发的验房师外，内地30个省会中心城市的验房业务几近空白。十多年来，据初步统计，国内兼、专职验房师达到万余人，由专职、兼职和自由从业者构成验房师队伍。日益增多的这些专业技术人才——验房师，月收入达数千元至上万元不等。京、沪、粤等地发达城市，验房师的收入稳定增长。

这些新兴的专业人才，从事着相对稳定、有报酬、专门类别的工作并日益为更多的置业者所接纳。对于验房师来说，房屋质量查验咨询服务工作已成为其经济收入的主要来源、发挥自己专业技术能力特长和实现自我更大人生社会价值的舞台；对社会来说，验房业对资产评估、法律事务、物业服务、装饰装修、开发建设、施工监理等领域的其他职业和行业，都有直接或间接的社会资源整合和促进作用，职业化趋势显现。随着市场竞争的加剧，新职业与日俱增和职业的不断分化和细化，是社会高速进步的重要标志。

2. 验房企业日益增多，但分化现象也较突出

验房业发起之初，以“散兵游勇”和“工作室”的面目出现；随后，升级为“置业咨询”“验房咨询”等命名的现代企业，据不完全统计，目前国内的专职验房企业已达400余家。此外，房地产领域原有的家装公司、监理公司、质量检测公司、物业公司等，纷纷以各种形式介入验房服务业，进行兼业经营，总数为专职验房企业的3倍左右。验房机构的不断增多反映出三个特点：一是验房业内普遍看好这一高端服务业的发展前景，业内有把业务做大做强的强烈愿望；二是依法、诚信、永续经营的意识日益强化，社会责任感潜在增强；三是业内逐渐把验房当作一项长期的事业，验房这一“新行当”，开始转为有固定办公地址、人员等的新兴社会组织，在这个组织内的劳动者——验房师，以特定的劳动对象、劳动方式，为社会提供特定的劳动服务。

但是，目前市场上的验房机构发展分化现象也较为突出。提供验房服务的机构主要分为三类：一是明确以“验房咨询”为名在各级工商部门注册登记的专职验房公司，在全国已有超过400家，普遍规模不大，检测设备齐全，人员技能较强，收费较高，目标客户偏向中高端群体；二是兼职作业的监理公司、检测公司、房产中介、物业管理公司，验房师和验房业务多属挂靠性质，结构松散，收费相对低廉；三是家装公司，低收费甚至不收费，希望借此与业主达成良好关系促成装修业务的签单。

此外，还有一种机构可为业主提供验房帮助——包括搜房网在内的一些房地产家居媒体定期或不定期地邀请行业人士，通过业主论坛、装修论坛召集业主，参与验房知识培训讲座或线下验房活动，广受业主好评。但是，此类活动通常定期举行，人数也有一定的限制，难以满足大批量业主的需求。

3. 市场化速度逐渐加快，地区发展并不平衡

验房服务市场近几年的发展状况，标志着该服务市场的初步建立且发展速度逐步加快。验房业作为新兴服务业，其市场化速度将会更大程度地加快，从而将把百姓目前对一般地产的初级性需求，提升到对品质地产的中级性需求阶段。2004 年至今，中国置业百姓对验房服务的需求，从最初的南京、上海、北京等少数一线城市，到 2007 年的全国过半省会城市，再到 2008 年以来的其他偏远省会中心城市和沿海的二三线城市，需求在不断蔓延扩大。

但与此同时，验房行业发展又呈现不均衡状态：上海、苏州、广州等地走在最前沿，达成交易的房屋验房比例高达 30%～50%；而作为国内一线城市的北京，则与中部、西部地区一样，跟沿海地区相去甚远。

从房屋建造的后端延伸到前端，从验房服务到管理咨询，开发商发现不合格的产品维修费用占比高。例如，房屋出现系统性渗漏而导致的维修费用高达数百万元。因此，开发商也在思考能否在设计、采购、施工环节从客户视角做好预控，提升一次成活率，降低户均缺陷率。一些房企把目光看向了第三方验房机构。在聘请监理的情况下，引入第三方进行优势互补。

2.2.3　中国验房业发展趋势

中国验房业发展趋势主要可以从市场、产业和行业管理三方面来把握（图 2.2.3）。

1. 中国验房业未来发展的五大主力市场

1）新房市场

虽然新房开发量在逐年下降，但随着市场的发展和购房者心理变化，新房验房需求仍处于稳步增长阶段。一方面，他们对住宅的品质要求已经由最初的只看重地段、环境，到目前的关注房屋内在质量，包括房屋的安全性、使用功能、美观舒适性；另一方面，由于一些开发商为了降低开发成本以获取更大利润，在发包工程时往往过分节约建筑成本，或者是起用低资质等级的施工队伍，造成了一手房质量的不稳定。在这种情况下，独立的第三方验房师的存在就显示出了必要性。

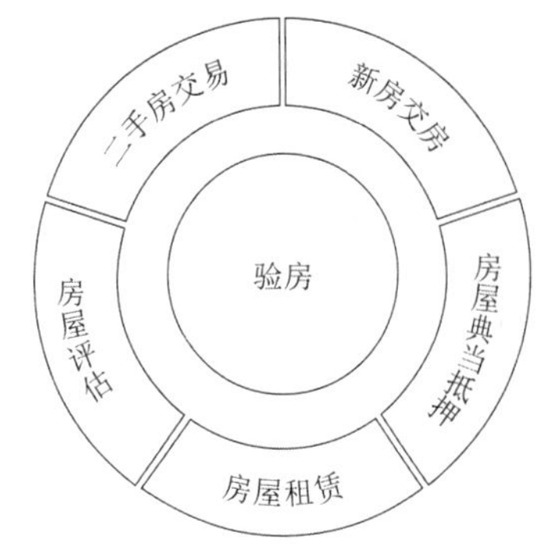

图 2.2.3　验房市场未来需求

两方面原因共同作用，激发了购房者的质量意识和维权意识。他们迫切需要有一方机构，在收房前为他们的房屋做一个较为系统的质量“诊断”，以确保“长住久安”。据估计，目前国内仅大客户业务市场需求每年就在 2亿元左右。虽然这个数据只是理论上的，受消费者接受程度的影响，未必能全部落到实处，但验房市场未来的潜力值得期待。

特别要指出的是，在国内一线城市，精装修房验房和毛坯房验房比例目前几乎达到了 1∶1。与毛坯房相比，精装房号称“让业主省了装修的心”，但其质量一直广受质疑。因此，消费者对验房的需求和依赖明显更高，未来精装修的进一步普及，对验房市场发展会起到

一定的促进作用。

2）二手房交易

在美国、英国等房地产市场比较发达的国家和地区，验房已成为买卖房屋过程中不可缺少的程序。在这些成熟的房地产市场中，二手房往往占据了绝对主导地位，因此对二手房进行质量检验在验房师的工作范围中占了极大的比重。目前，我国的二手房市场已相当火热。以上海为例，2021 年，无论是销售量还是挂牌量，二手房都在整体市场中占据了优势地位。因此，验房师这一职业也开始从一手房领域逐渐向二手房领域延伸。

目前，一手房各部分结构由开发商提供一定保修期，但二手房在房屋质量上的风险就完全由购房者自行控制和承担。同时，和一手房相比，二手房的质量瑕疵具有较强的隐蔽性。由于不是专业验房人士，购房者对于房屋质量的各个细节难以全面把握，且对于哪些质量问题影响居住安全、哪些细节可以忽略等，难以形成正确认识。因此，在交易或交房前，请一位权威专业的验房师仔细检验二手房的质量问题就显得很有必要了。

另外，在二手房交易的过程中，由于房屋存在不同程度的功能折旧和结构、质量损失，因此，交易双方应对交易时的房屋状态进行共同确认，以避免日后纠纷。由于双方对彼此的信任程度不高，都迫切需要验房师以独立第三方的身份对房屋性状进行检测并出具日后可作为调解纠纷凭证的检测报告。包括：房屋主要结构、构件、内外情况鉴定；房屋装修、程度鉴定；主要设备损耗鉴定。

3）房屋评估

房屋折旧是由于物理因素、功能因素或经济因素所造成。计算折旧是房屋评估中的重要内容，它需要确认住宅实物形态经外界的物理、化学因素作用和人为使用，从而发生的有形磨损和功能下降，这些内容也正是验房需要关注的问题。因此，对于房地产评估来说，验房在评估房屋成新率、残值率方面，更具专业特性。

（1）房屋折旧确定：房屋使用年限、房屋设备损耗、房屋结构安全和房屋与交房时的差异；

（2）房屋增减设施：房屋在使用过程中，新增或减少的各种设施，使用、交通空间及房屋附属建筑物等。

4）房屋租赁

房屋租赁是对验房需求比较多的业务层次。主要是因为租赁交易相对其他房地产交易来说较为频繁，而且临时性多，因此业主与承租人都格外看重交易时房屋的状况，例如，说到房屋设备的性能、装修现状、水电气表的即时数字等，并以此作为结算租金的重要依据。所以，验房师作为独立的第三方，要为交易双方提供客观、准确的房屋状态信息。

（1）房屋设施信息：各种电气水暖设施的有无、好坏、功能等；

（2）房屋装修信息：租赁交易时房屋装修程度、门窗等物件的状态等；

（3）物业供给信息：租赁交易时水、电、暖、气、网等物业供给的即时数字。

5）房屋典当、抵押

房屋典当与抵押均是以房屋权属换取暂时资金支持的一种方式。在这一目的下，典当行或房屋抵押权人需要对房屋进行详细检查，以确保准确估价和未来收益。所以，在评估其合理价值与可能性收益时，应特别注意其现有状态对未来的影响。而验房即是通过对房屋现有性状的判断来推断其未来趋势的。

（1）房屋现状评价：交易时房屋的综合性状判断；

（2）房屋未来价值评估：以现有房屋性状为依据对未来价值走向的评估。

验房服务业的兴起，是历史的必然，是中国日益民主化、市场化、法治化的历史进程中，百姓维权意识不断觉醒和强化的必然产物；是置业百姓在重大生活消费领域质量意识的提高和消费观念转变的必然结果；是社会竞争的日益加剧和社会分工日益专业或精细化的典型表现；是房地产业结构调整、优化、升级和科学发展的内在要求。

总而言之，验房有很大的市场需求，是中国住宅市场化、自有化的必然产物。

2. 产业发展趋势

与传统的第一、二产业不同，验房业属于第三产业，是第三产业中的技术服务类产业。结合中国验房市场需求发展趋势，中国验房产业发展将呈现以下特征：

1）轻资产、增值型

所谓轻资产，主要是指企业的无形资产，包括企业的经验、规范的流程管理、治理制度、各方面的关系资源、资源获取和整合能力、企业品牌、人力资源、企业文化等。验房行业属于技术密集、知识密集的轻资产行业，产业链延伸和开发能力强。验房公司融资成本低、投资少、收益快、现金流充足。

同时，验房行业作为一项新兴行业，集服务、技术、知识密集于一体，产业延伸能力强，投资少，收益快，具有广阔增值发展空间。

2）知识型、服务型

验房行业是一个涵盖多专业知识面的行业，它涵盖了建筑、土木工程、项目管理、装饰装修等多领域，是一个跨学科、跨专业融合的知识型行业。

同时，验房业作为第三产业，就决定了验房业是一个提供专业技术服务密集型行业。

3）职业化、技术型

验房行业在国内的发展也已经有十几年了，但仍属于一个新兴、朝阳行业，验房师队伍仍在不断扩大，验房企业日益增多，专业化步伐也在不断加快，职业化趋势发展非常明显。在不少验房公司，工程师按级别划分为初级、中级、高级，企业内部有专门的专业能力考核系统，考核通过后方可申请相应级别。

同时，验房行业开展的一系列服务都有着严格的专业技术标准。不论是针对大客户的第三方实测实量、一房一验和质量评估等业务，还是针对小客户的第三方验房、环境检测、建筑装饰监理等业务，都有规范的操作流程和工具使用说明。

3. 行业管理趋势

验房业是社会竞争激烈和社会分工日益细化的产物，是国家对第三产业的支持力度不断加大的结果，同时也是房地产行业健康、和谐、持续发展的必然要求。因此，在我国房地产市场持续高温的前提下，特别是房屋交易日渐繁荣的背景下，验房业在我国的发展有望步入市场化、规范化和制度化发展轨道。

1）市场化

住宅建设是复杂的系统工程，业主作为最终的新建住宅质量利益主体，必须依靠市场、依靠专业力量为其提供咨询服务。专业的住宅查验咨询机构是新建住宅质量监督管理的重要社会力量，其有效的运作对质量管理的整体水平提升有促进作用，验房在西方发达国家已经有 50～60 年的历史，发达的工程咨询业为业主管理新建住宅质量提供了专业保障。政府通过对这一专业服务市场的认可和培育、引导、规范，以强化其作为第三方的作用、服务购房者专业咨询需求，通过约束各方主体的行为来维护住宅建设质量管理行业与市场秩序，为行业的整体发展营造良好环境。发展验房服务是我国深化改革、关注民生保障、规范住宅工程质量管理行业与市场秩序的必然选择。

2）规范化

住宅工程技术与质量管理标准是房地产健康发展的公共产品，它们既可指导并强制建设相关单位在技术标准下科学、精细作业，也为广大购房者及各专业机构提供了科学的质量保证和参考依据。随着房屋交易的逐渐增多，中国验房行业也自发发展起来，然而现行法律法规对这一行业大多集中于资质管理、合同示范文本等传统的行政管理方式上，缺少对现代新建住宅质量建设规范和技术标准的制定和修订，也缺乏对市场主体培育和公共服务理念。随着市场化发展，从业人员和机构的增多，将其纳入统一的管理和规划之中，也是我国行业行政管理体制走向成熟的必经之路。与此同时，广大消费者也希望政府介入对该行业的管理和规范中去，通过统一规程、统一业务、统一标准、统一从业资质、统一服务价格、统一鉴定报告这“六统一”的方式，提升我国验房行业的正规化和职业化水平。在此背景下，政府会逐渐减少对微观市场主体的干预，充分发挥行业协会的作用，通过行业协会不断规范相关行业的服务行为和增强行业自律，促进验房行业管理标准化建设，构建起符合中国国情的行业标准体系，推动中国验房业步入规范化发展新轨道。

3）制度化

我国未来验房业的发展，要以有效的制度作为行业发展的前提，通过协会引领，使行业步入正规化、专业化发展道路。制度建设应实现以下目标：

（1）行业服务。帮助企业解决生产经营中的困难，为企业提供市场信息、技术咨询、员工培训、资格认证、法律援助等服务；向企业提供或发布行业发展研究、行业统计分析和行业政策规范等方面的资料，组织或举办会展招商、商务考察、产品推介等活动；开展国内外经济技术交流和合作，为行业开拓市场服务。

（2）行业自律。依据协会章程或行规行约，制定本行业质量规范和服务标准，并参与产品标准的制定；监督会员单位依法经营，对违反协会章程和行业法律法规、达不到行业质量规范和服务标准、损害消费者合法权益、参与不正当竞争、影响行业形象的会员，采取警告、业内批评、通告直至开除会员资格等惩戒措施，并及时向行业主管部门报告；对会员企业的产品和服务质量、竞争手段、经营作风进行行业评定，维护行业信誉和维护公平竞争秩序。

（3）权益维护。代表会员企业，维护其正当权益，向政府特别是行业主管部门反映企业和行业的要求；代表行业内的企业进行反垄断、反暗箱操作等的调查，或向政府提出调查申请；代表行业企业参与有关行业发展、行业改革以及与行业利益相关的政府决策论证，提出有关经济政策和立法的建议，参加政府举办的有关听证会。

（4）行业协调。引导会员企业贯彻执行政府的有关行业政策；协调会员之间，会员与行业内非会员，会员与其他行业经营者、消费者及其他社会组织的关系；通过法律、法规授权或政府委托，开展行业统计、行业调查、公信证明、价格协调等工作。

第3章

验房师职业发展

3.1 验房师职业含义

验房师是指接受客户委托，依据国家和地方有关法律、法规、规范、商业合同和服务合同等，运用一定的专业知识、工具和技能，查验房屋质量及其附属设施、装置的观感和使用功能，并提供咨询服务的专业技术人员。

主要工作任务：

（1）接受客户咨询和委托，签订新房、二手房或装修房验房委托合同，确认标的房屋及其查验项目。

（2）搜集查验房屋销售合同，装修合同，房屋图纸等资料。

（3）使用相位仪、漏水检测仪、网络测线器、万用表等仪器和工具，查验房屋给水排水、电气系统等工程情况。

（4）使用伸缩检测镜、卷尺、手电筒等仪器和工具，查验房屋门窗、护栏、楼梯、橱柜等细部工程情况。

（5）使用空鼓锤、激光水平仪、测距仪、靠尺等仪器和工具，查验房屋饰面、砖面、结构面、地面工程、抹灰层等工程情况。

（6）使用测距仪、水准仪等工具、仪器检查房屋周边环境，计算容积率、绿化率等数据，点检、评价公用配套设施。

（7）汇总、分析查验数据、资料及发现的问题，编撰验房报告，向客户提供报告和建议。

3.2 验房师职业能力要求

验房师职业，具有知识的集成性、技术的专业性、能力的复合性、从业的灵活性、服务的社会性等职业特征，通常需要具备以下能力：

（1）向委托人介绍验房所需的知识和口头语言表达能力。

（2）业务接洽时所需的知识和沟通能力。

（3）查找、发现问题的专业知识和观察、分析能力。

（4）灵活使用各类验房工具的知识和动手能力。

（5）依据有关规范回答雇主质询的知识和解疑答惑能力。

（6）将有关问题进行归纳、总结的能力。

（7）依据有关规范正确撰写《验房咨询报告》的书面表达能力。

（8）掌握验房工作业务流程和服务流程，专业化、规范化经营、管理的能力。

（9）在专业化、规范化基础上打造服务品牌和现代经营管理的能力等。

3.3　验房师职业道德

道德的本质是由一定社会的经济基础所决定的社会意识形态。职业道德是指与人们的职业活动紧密联系的、符合职业特点所要求的道德准则、道德情操与道德品质的总和。它是长期以来自然形成、受社会普遍认可的一种职业规范，通常体现为观念、习惯、信念等，没有确定形式，它的主要内容是对员工义务的要求，往往依靠文化、内心信念和习惯，通过员工的自律实现。职业道德的社会影响不可低估，其作用首先是保证职业活动和职业生活的正常进行；其次，高尚的职业道德对社会道德风尚会产生积极的影响。

验房师职业道德是指验房业的道德规范，它是验房业从业人员就这一职业活动所共同认可并拥有的思想价值观念、情感和行为习惯的总和，是内化于验房师思想意识和心理、行为习惯的一种修养，它主要通过良心和舆论来约束验房师。职业道德虽不如法律、法规和行业规则那样具有很大的强制性，但它一旦形成，则会从验房师的内心深处产生很大的约束力，并促使验房师更为主动地去遵循有关法律、法规和行业规则。

具体地，验房师在职业道德方面应遵循以下原则：

1. 守法经营

验房师开展验房业务应遵守法律、法规与社会约定俗成。

验房师不应直接或间接听命于房地产中介或房地产交易有经济利益关系的各方，不得因向客户或被检验财产利益相关方推荐订约人、服务或产品而直接或间接接受报酬。

2. 恪守信用

验房师应牢固树立“信用是金”的思想观念，不随意许诺，“言必信、行必果”。

验房师不应违背公众利益，坚守职业第三方独立性、客观性。

验房师服务或资质水平的宣传、营销与推广不得具有欺诈、虚假、欺骗或误导成分。

3. 以诚为本

验房师提供的服务及表达的观点应基于真实的检验判断，且应在他们所受教育、培训或经验范围之内。

验房师应在报告中保持客观、公正和独立性，不得有意低估或高估报告状况的程度。

验房师未经委托方允许，不得公开检验结果和客户信息。

4. 公平竞争

验房师应树立“天下验房一家人”的热爱行业理念，通过公平竞争、竞争合作等途径，共同促进行业的良好发展。

验房师不应通过价格竞争来排斥同行、提高业务量。

验房师不应通过误导、言语攻击等不正当手段对待其他验房企业或验房师。

第4章

验房基础知识

想成为一名专业的验房师，在学习验房技术前，需要对房屋基础知识（例如，需要了解房屋的构成、房屋的状态、建筑材料、房屋规划和房屋环境相关基础知识）有一定了解，才能在验房中更好地服务我们的客户，全面地解答客户关于房屋验收的问题。

4.1 房屋构成

房屋构成主要包括地基基础、主体结构、装饰装修、屋面、给水排水及供暖、通风与空调、电气、智能建筑、建筑节能等。作为验房师需要掌握房屋的基础知识，了解房屋各分部工程的作用及功能，可以针对性选择验收标准，提供有效的验房服务。因此，了解房屋的构成也是开始验房的第一步，也是成为一名合格验房师的重要一环。

4.1.1 房屋分类

1. 按照房屋的用途划分

按照房屋的用途，通常可以将建筑物分为民用建筑和工业建筑。

民用建筑是供人们生活居住和进行各种公共活动的非生产性建筑。根据具体使用功能的不同，可以分为居住建筑和公共建筑两大类。其中，居住建筑是指供人们居住使用的建筑，又可分为住宅、集体宿舍等。住宅是指供家庭居住使用的建筑，可分为独立式（独院式）住宅、双联式（联立式）住宅、联排式住宅、单元式（梯间式）住宅、外廊式住宅、内廊式住宅、跃廊式住宅、跃层式住宅、点式（集中式）住宅、塔式住宅等。按照套型设计划分，每套住宅设有卧室、起居室（厅）、厨房和卫生间等基本空间。习惯上按照档次，还不很严格地把住宅分为普通住宅、高档公寓和别墅。公共建筑主要是指供人们进行各种公共活动的建筑，包括行政办公楼、文教建筑、科研建筑、医疗建筑、商业建筑等。

工业建筑是指供工业生产使用或直接为工业生产服务的建筑，也可称为厂房类建筑。工业建筑按照用途，分为主要生产厂房、辅助生产厂房、动力用厂房、储存用房屋、运输用房屋等。

2. 按照房屋层数或高度划分

根据《民用建筑设计统一标准》GB 50352—2019，民用建筑按地上层数或高度（应符合防火规范）分类划分为：

（1）建筑高度不大于 27m 的住宅建筑、建筑高度不大于 24m 的公共建筑及建筑高度大于 24m 的单层公共建筑为低层或多层民用建筑。

（2）建筑高度大于 27m 的住宅建筑和建筑高度大于 24m 的非单层公共建筑，且高度不大于 100m，为高层民用建筑。

（3）建筑高度大于 100m 的民用建筑为超高层建筑。

根据《建筑设计防火规范》GB 50016—2014（2018 年版），民用建筑根据其高度和层数可分为单、多层民用建筑和高层民用建筑。高层民用建筑根据其建筑高度、使用功能和楼层的建筑面积，可分为一类和二类。民用建筑的分类应符合表 4.1.1-1 的规定。

《建筑设计防火规范》划分建筑物的层数或高度　　表 4.1.1-1

名称	高层民用建筑		单、多层民用建筑
	一类	二类	
住宅建筑	建筑高度大于 54m 的住宅建筑（包括设置商业服务网点的住宅建筑）	建筑高度大于 27m，但不大于 54m 的住宅建筑（包括设置商业服务网点的住宅建筑）	建筑高度不大于 27m 的住宅建筑（包括设置商业服务网点的住宅建筑）
公共建筑	1. 建筑高度大于 50m 的公共建筑； 2. 建筑高度 24m 以上部分任一楼层建筑面积大于 $1000m^2$ 的商店、展览、电信、邮政、财贸金融建筑和其他多种功能组合的建筑； 3. 医疗建筑、重要公共建筑、独立建造的老年人照料设施； 4. 省级及以上的广播电视和防灾指挥调度建筑、网局级和省级电力调度建筑； 5. 藏书超过 100 万册的图书馆、书库	除一类高层公共建筑外的其他高层公共建筑	1. 建筑高度大于 24m 的单层公共建筑； 2. 建筑高度不大于 24m 的其他公共建筑

建筑高度通常是指建筑物室外地面到其檐口或屋面面层的高度。建筑高度的计算应符合下列规定：

（1）建筑屋面为平屋顶时，建筑高度应按室外设计地坪至建筑物女儿墙顶点的高度计算，无女儿墙的建筑应按至其屋面檐口顶点的高度计算。

（2）建筑屋面为坡屋顶时，建筑高度应分别计算檐口及屋脊高度，檐口高度应按室外设计地坪至屋面檐口或坡屋面最低点的高度计算，屋脊高度应按室外设计地坪至屋脊的高度计算。

（3）当同一座建筑有多种屋面形式，或多个室外设计地坪时，建筑高度应分别计算后取其中最大值。

房屋层数通常是指房屋的自然层数。一般按室内地坪±0.000 以上计算，层数计算时下列空间不计入层数：

（1）室内顶板面高出室外设计地面的高度不大于 1.5m 的地下或半地下室。

（2）设置在建筑底部且室内高度不大于 2.2m 的自行车库、储藏室、敞开空间。

（3）建筑屋顶上突出的局部设备用房、出屋面的楼梯间等。

3. 按照房屋建筑结构划分

建筑结构是房屋的主要受力体系，建筑结构体系主要承受竖向荷载和侧向荷载，并将这些荷载安全传至地基。一般按建筑结构构件的材料类型，分为砖木结构房屋、砖混结构房屋、钢筋混凝土结构房屋、钢结构房屋、木结构房屋。

（1）砖木结构房屋。砖木结构房屋的主要承重构件是用砖、木做成。这类建筑物的层数一般较低，通常在 3 层以下。古代建筑、1949 年以前建造的城镇居民住宅、20 世纪 50～60 年代建造的民用房屋和简易房屋，大多为这种结构。

（2）砖混结构房屋。砖混结构房屋的竖向承重构件采用砖墙或砖柱，水平荷载采用钢筋混凝土楼板、屋面板与墙柱共同承受。这类建筑物的层数一般在 6 层以下，造价较低，但抗震性能较差，开间、进深及层高都受到一定的限制。

（3）钢筋混凝土结构房屋。钢筋混凝土结构房屋的承重构件如梁、板、柱、墙（剪力墙）、屋架等由钢筋和混凝土两大材料构成；其围护构件如外墙、隔墙等由轻质砖或其他砌体做成。其结构适应性强，抗震性能好，耐久年限较长。

（4）钢结构房屋。钢结构房屋的主要承重构件均是用钢材制成。优点有：重量轻、强度高、面积利用率高；安全可靠，抗震、抗风性能好；钢结构构件在工厂制作，缩短施工工期，符合装配式建筑要求。

（5）木结构房屋。木结构房屋是指以木材为主要受力体系的工程结构，具有设计灵活、建筑工期短、易于整修等优点，其最重要的优点是节能与环保。

小贴士 >>>>>

无论钢材还是木材都属于可回收、可循环使用的材料，符合可持续发展理念。我国已经明确要求积极稳妥推广钢结构建筑。在具备条件的地方，倡导发展现代木结构建筑。

4. 按照房屋施工方法划分

施工方法是指建造建筑物时所采用的方法。按照施工方法的不同，建筑物分为下列三种：

（1）现浇、现砌式建筑。这种建筑物的主要承重构件均是在施工现场浇筑和砌筑而成。

（2）预制、装配式建筑。这种建筑物的主要承重构件均是在加工厂制成预制构件，在施工现场进行装配而成。

（3）部分现浇现砌、部分装配式建筑。这种建筑物的一部分构件（如墙体）是在施工现场浇筑或砌筑而成，一部分构件（如楼板、楼梯）则采用在加工厂制成的预制构件。

5. 按照房屋设计年限划分

建筑设计标准要求建筑物应达到的设计使用年限由建筑物的性质决定。《民用建筑设计统一标准》GB 50352—2019 以主体结构确定的建筑设计使用年限分为四级（表 4.1.1-2），并规定了其适用范围。影响建筑物实际使用年限的因素，除了建筑设计标准的要求，还有工程业主的要求、实际建筑设计水平、施工质量及房屋使用维修等。

房屋设计使用年限　　表 4.1.1-2

类别	设计使用年限（年）	示例
1	5	临时性建筑
2	25	易于替换结构构件的建筑
3	50	普通建筑和构筑物
4	100	纪念性建筑和特别重要的建筑

6. 按照房屋耐火等级划分

房屋的耐火等级是由组成建筑物的构件的燃烧性能和耐火极限决定的。根据材料的燃烧性能，将材料分为非燃烧材料、难燃烧材料和燃烧材料。用这些材料制成的建筑构件分别被称为非燃烧体、难燃烧体和燃烧体。耐火极限的单位为小时（h），是指从受到火的作用时起，到失去支持能力或发生穿透裂缝或背火一面的温度升高到 220℃时止的时间。

《〈建筑防火通用规范〉GB 55037—2022 实施指南》把建筑物的耐火等级分为一级、二级、三级和四级。其中，一级的耐火性能最好，四级的耐火性能最差。

4.1.2　房屋构成

房屋建筑的主要构件由结构体系和围护体系两部分构成，组合成不同大小、不同使用功能的空间。

结构体系是建筑物的骨架，主要承担垂直荷载和侧向荷载，并将这些荷载安全地传递到地基。通常，结构体系分为上部结构和地下结构。上部结构是指基础以上部分的建筑结构，包括墙、柱、梁、屋顶等；地下结构则指建筑物的基础结构。

围护体系是建筑物的外壳，由屋面、外墙、门、窗等组成。屋面和外墙围护出的内部空间能够遮蔽外界恶劣气候的侵袭，同时也起到隔声的作用，从而保证使用人群的安全性和私密性。门是连接内外的通道，窗户可以透光、通气和开放视野。

此外，房屋建筑还有台阶、坡道、散水、雨篷、阳台、烟囱、垃圾道、通风道等。

1. 基础和地基

1）基础

基础是建筑物的组成部分，是建筑物地面以下的承重构件，它支撑着其上部建筑物的全部荷载，并将这些荷载及自重传给下面的地基。基础必须坚固、稳定而可靠。

按照基础使用的材料，基础分为灰土基础、三合土基础、砖基础、石基础、混凝土基础、毛石混凝土基础、钢筋混凝土基础等。

按照基础的埋置深度，基础分为浅基础、深基础和不埋基础。

按照基础的受力性能，基础分为刚性基础和柔性基础。刚性基础是指用砖、灰土、混凝土、三合土等受压强度大，而受拉强度小的刚性材料做成的基础。砖混结构房屋一般采用刚性基础。柔性基础是指用钢筋混凝土制成的受压、受拉均较大的基础。

按照基础的构造形式，基础分为条形基础、独立基础、筏形基础、箱形基础和桩基础。

（1）条形基础是指呈连续的带形基础，包括墙下条形基础和柱下条形基础。

（2）独立基础是指基础呈独立的块状，形式有台阶形、锥形、杯形等，主要承担柱子传递的荷载。

（3）筏形基础是一块支承着许多柱子或墙的钢筋混凝土板，板直接作用于地基上，一块整板把所有的单独基础连在一起，使地基的单位面积压力减小。筏形基础适用于地基承载力较低的情况。筏形基础还有利于调整地基的不均匀沉降，或用来跨过溶洞，用筏形基础作为地下室或坑槽的底板有利于防水、防潮。

（4）箱形基础主要是指由底板、顶板、侧板和一定数量内隔墙构成的整体刚度较好的钢筋混凝土箱形结构。它是能将上部结构荷载较均匀地传至地基的刚性构件。箱形基础由于刚度大、整体性好、底面积较大，所以既能将上部结构的荷载较均匀地传到地基，又能适应地基的局部软硬不均，有效地调整基底的压力。箱形基础能建造比其他基础形式更高的建筑物，对于地基承载力较低的软弱地基尤为合适。箱形基础对于抵抗地震荷载的作用极为有利，国内外地震震害调查表明，凡是有箱形基础的建筑物，一般破坏和受伤害的情况比无箱形基础的建筑物轻。即使上部结构在地震中遭受破坏，也没有发现箱形基础破坏的现象。在地下水位较高的地段建造高层建筑，箱形基础底板为一块整板，因此有利于采取各种防水措施，施工方便，防水效果好。

（5）桩基础。当建筑场地的上部土层较弱、承载力较小，不适宜采用在天然地基上做浅基础时宜采用桩基础。桩基础由设置于土中的桩和承接上部结构的承台组成。承台设置于桩顶，把各单桩连成整体，并把建筑物的荷载均匀地传递给各根桩，再由桩端传给深处坚硬的土层，或通过桩侧面与其周围土的摩擦力传给地基。前者称为端承桩，后者称为摩擦桩。

2）地基

地基不是建筑物的组成部分，是承受由基础传下来的荷载的土体或岩体。建筑物必须建造在坚实可靠的地基上。为保证地基的坚固、稳定和防止发生加速沉降或不均匀沉降，地基应满足下列要求：

（1）有足够的承载力。

（2）有均匀的压缩量，以保证有均匀的下沉。如果地基下沉不均匀时，建筑物上部会产生开裂变形。

（3）有防止产生滑坡、倾斜方面的能力，必要时（特别是存在较大的高度差时）应加设挡土墙，以防止出现滑坡变形。

地基分为天然地基和人工地基。未经人工加固处理的地基，称为天然地基；经过人工加固处理的地基，称为人工地基。当土层或岩层具有足够的承载力，不需要经过人工加固处理时，可以直接在其上建造建筑物。而当土层或岩层的承载力较小，或者虽然承载力较大但上部荷载相对过大时，为使地基具有足够的承载力，应对土层或岩层进行加固。

2. 主体结构

墙体和柱是竖向承重构件，梁板是水平承重构件，将荷载及自重传给基础。

按照墙体在建筑物中的位置，墙体分为外墙和内墙。外墙位于建筑物四周，是建筑物的围护构件，起着挡风、遮雨、保温、隔热、隔声等作用。内墙位于建筑物内部，主要起分隔内部空间的作用，也可起到一定的隔声、防火等作用。

按照墙体在建筑物中的方向，墙体分为纵墙和横墙。纵墙是沿建筑物长轴方向布置的墙。横墙是沿建筑物短轴方向布置的墙，其中的外横墙通常称为山墙。按照墙体的受力情况，墙体分为承重墙和非承重墙。承重墙是直接承受梁、楼板、屋顶等传下来的荷载的墙；非承重墙是不承受外来荷载的墙，仅起分隔空间作用，自重由楼板或梁来承担，通常用作隔墙。在框架结构中，墙体不承受外来荷载，其中，填充柱之间的墙，称为填充墙。悬挂在建筑物外部以装饰作用为主的轻质墙板，称为幕墙。按照幕墙使用的材料，可分为玻璃幕墙、铝板幕墙、不锈钢板幕墙、花岗石板幕墙等。

按照墙体使用的材料，墙体分为砖墙、石块墙、小型砌块墙、钢筋混凝土墙。

按照墙体的构造方式，墙体分为实体墙、空心墙和复合墙。实体墙是用黏土砖和其他实心砌块砌筑而成的墙。空心墙是墙体内部有空腔的墙，这些空腔可以通过砌筑方式形成，也可以用本身带孔的材料组合而成，如空心砌块等。复合墙是指用两种以上材料组合而成的墙，如加气混凝土复合板材墙。

柱是建筑物中竖向承重构件。它承担传递梁和楼板两种构件传来的荷载。

3. 门和窗

门的主要作用是交通出入、分隔和联系建筑空间。窗的主要作用是采光、通风及通透。门和窗对建筑物外观及室内装修造型也起着很大作用。门和窗都应造型美观大方，构造坚固耐久，开启灵活，关闭紧严，隔声、隔热。

门一般由门框、门扇、五金等组成。按照门使用的材料，门分为木门、钢门、铝合金门、塑钢门。按照门开启的方式，门分为平开门（又可分为内开门和外开门）、弹簧门、推拉门、转门、折叠门、卷帘门、上翻门和升降门等。按照门的功能，门分为防火门、安全门和防盗门等。按照门在建筑物中的位置，门分为围墙门、入户门、内门（房间门、厨房门、卫生间门）等。

窗一般由窗框、窗扇、玻璃、五金等组成。按照窗使用的材料，窗分为木窗、钢窗、铝合金窗、塑钢窗。按照窗开启的方式，窗分为平开窗（又可分为内开窗和外开窗）、推拉窗、旋转窗（又可分为横式旋转窗和立式旋转窗。横式旋转窗按转动铰链或转轴位置的不同，又可分为上悬窗、中悬窗和下悬窗）、固定窗（仅供采光及眺望，不能通风）。

按照窗在建筑物中的位置，窗分为侧窗和天窗。

4. 楼面及地面

地面是指建筑物底层的楼面，主要作用是承受人、家具等荷载，并把这些荷载均匀地传给地基。常见的地面由面层、垫层和基层构成。对有特殊要求的地坪，通常在面层与垫层之间增设一些附加层。

地面的名称通常以面层使用的材料来命名。例如，面层为水泥砂浆的，称为水泥砂浆地面，简称水泥地面；面层为水磨石的，称为水磨石地面。

按照面层使用的材料和施工方式，地面分为以下几类：

（1）整体类地面。包括水泥砂浆地面、细石混凝土地面和水磨石地面等。

（2）块材类地面。包括烧结普通砖、大阶砖、水泥花砖、缸砖、陶瓷地砖、陶瓷马赛克、人造石板、天然石板以及木地面等。

（3）卷材类地面。常见的有塑料地面、橡胶毡地面以及无纺织地毡地面等。

（4）涂料类地面。常见地面有环氧地坪漆、聚氨酯地坪漆、防静电地坪漆，面层是人们直接接触的表面，要求坚固、耐磨、平整、光洁、防滑、易清洁、不起尘。此外，居住和人们长时间停留的房间，要求地面有较好的蓄热性和弹性；浴室、厕所要求地面耐潮湿、不透水；厨房、锅炉房要求地面防水、耐火；实验室要求地面耐酸碱、耐腐蚀等。

楼板是分隔建筑物上下层空间的水平承重构件，主要作用是承受人、家具等荷载，并把这些荷载及自重传给承重墙或梁、柱、基础。楼板应有足够的强度，能够承受使用荷载和自重；应有一定的刚度，在荷载作用下挠度变形不超过规定数值；应满足隔声要求，包括隔绝空气传声和固体传声；应有一定的防潮、防水和防火能力。

楼板的基本构造是面层、结构层和顶棚。楼板面层的做法和要求与地面面层相同。

按照结构层使用的材料，楼板分为木楼板、砖拱楼板、钢筋混凝土楼板等。木楼板的构造简单，自重较轻，但防火性能不好，不耐腐蚀，又由于木材昂贵，现在除等级较高的建筑物外，一般建筑物中应用较少。砖拱楼板自重较大，抗震性能较差，目前也较少应用。钢筋混凝土楼板坚固、耐久、强度高、刚度大、防火性能好，目前应用比较普遍。钢筋混凝土楼板按照施工方式，分为预制、叠合和现浇三种。在有地震的地区，通常采用现浇钢筋混凝土楼板。

顶棚又称天花板，是室内饰面之一，表面应光洁、美观且能起反射作用，以改善室内的亮度。顶棚还应具有隔声、保温、隔热等方面的功能。顶棚可分为直接式顶棚和吊顶棚两类。直接式顶棚是直接在楼板结构层下喷、刷或粘贴建筑装饰材料的一种构造方式。吊顶棚简称吊顶，一般由龙骨和面层两部分组成。

梁是跨越空间的横向构件，主要起结构水平承重作用，承担其上的楼板传来的荷载，再传到支撑它的柱或承重墙上。圈梁一般在砖混结构建筑中设置，主要是为了提高建筑物整体结构的稳定性，其环绕整个建筑物墙体设置。

按照使用的材料，梁分为钢梁、钢筋混凝土梁和木梁；按照力的传递路线，梁分为主梁和次梁；按照梁与支撑的连接状况，梁分为简支梁、连续梁和悬臂梁。

5. 楼梯

楼梯是建筑物的垂直交通设施，供人们上下楼层、疏散人流或运送物品之用。在建筑物中，布置楼梯的房间称为楼梯间。

两层以上的建筑物必须有垂直交通设施。垂直交通设施的主要形式有楼梯、电梯、自动扶梯、台阶和坡道等。低层和多层住宅一般以楼梯为主。多层公共建筑、高层建筑经常需要设置电梯或自动扶梯，同时为了消防和紧急疏散的需要，必须设置楼梯。

楼梯一般由楼梯段、休息平台和栏杆、扶手组成。楼梯段是由若干个踏步组成的供层间上下行走的倾斜构件，是楼梯的主要使用和承重部分。休息平台是指联系两个倾斜楼梯段之间的水平构件，主要作用是供人行走时缓冲疲劳和分配从楼梯到达各楼层的人流。栏杆和扶手是设置在楼梯段和休息平台临空边缘的安全保护构件。

按照楼梯的结构形式，楼梯分为板式楼梯、梁式楼梯和悬挑楼梯；按照楼梯的施工方法，楼梯分为现浇钢筋混凝土楼梯和预制装配式钢筋混凝土楼梯；按照楼梯在建筑物中的位置，楼梯分为室内楼梯和室外楼梯；按照楼梯的使用性质，楼梯分为室内主要楼梯、辅助楼梯、室外安全楼梯和防火楼梯；按照楼梯使用的材料，楼梯分为钢筋混凝土楼梯、木楼梯和钢楼梯等；按照楼层间楼梯的数量和上下楼层方式，楼梯分为直跑式楼梯、双跑式楼梯、多跑式楼梯、折角式楼梯、双分式楼梯、双合式楼梯、剪刀式楼梯和曲线式楼梯等。

按照楼梯间封闭程度不同，楼梯间分为开敞楼梯间、封闭楼梯间和防烟楼梯间。

6. 屋顶

屋顶是建筑物顶部起覆盖作用的围护构件，由屋面、承重结构层、保温隔热层和顶棚组成。常见的屋顶类型有平屋顶、坡屋顶，此外还有球面、曲面、折面等形式的屋顶。

屋顶的主要作用是抵御自然界的风、雨、雪以及太阳辐射、气温变化和其他外界的不利因素，使屋顶覆盖下的空间冬暖、夏凉。屋顶又是建筑物顶部的承重构件，承受积雪、积灰、人等荷载，并将这些荷载传给承重墙或梁、柱。因此，屋顶应满足防水、保温、隔热以及隔声、防火等要求，且必须稳固。

4.1.3 房屋设备

房屋设备是指安装在建筑物内，为人们居住、生活、工作提供便利、舒适、安全等条件的设备。主要包括建筑给水系统、排水系统、电气设备、供暖系统、通风与空调、燃气设备、电梯和智能化设备等。

1. 给水系统

建筑给水系统是为建筑物内人们生活、生产和消防提供用水设施的总称，一般由引入管、水表节点、给水管网、给水附件、配水设备、增压及储水设备组成。根据建筑物的性质、高度、用水量大小及满足消防要求等因素来确定供水方式，常用的供水方式有下列四种：

（1）直接供水方式：适用于室外配水管网的水压、水量能终日满足室内供水的情况，这种供水方式简单、经济且安全。

（2）设置水箱的供水方式：适用于室外配水管网的水压在一天之内有定期的高低变化需设置屋顶水箱的情况。水压高时，水箱蓄水；水压低时，水箱放水。这样，可以利用室外配水管网水压的波动，通过水箱蓄水或放水满足建筑物的供水要求。

（3）设置水泵、水箱的供水方式：适用于室外配水管网的水压经常或周期性低于室内所需水压的情况。当用水量较大时，采用水泵提高水压，可减小水箱容积。水泵与水箱连锁自动控制水泵停、开，能够节省能源。

（4）分区、分压供水方式：适用于在多层和高层建筑中，室外配水管网的水压仅能供下面楼层用水，不能供上面楼层用水的情况。为了充分利用室外配水管网的水压，通常将给水系统分为上下两个供水区，下区由室外配水管网水压直接供水，上区由水泵加压后与水箱联合供水。如果消防给水系统与生产或生活给水系统合并使用时，消防水泵须满足上下两区消防用水量的要求。

给水管道布置总的要求是管线尽量简短、经济，便于安装维修。给水管道的敷设有明装和暗装两种。明装是管线沿墙、墙角、梁或地板上及顶棚下等处敷设，其优点是安装、检修方便，缺点是不美观。暗装是将给水管道设置于墙槽内、吊顶内、管井或管沟内。考虑维修方便，管道穿过基础墙、地板处时应预留孔洞安装套管，尽量避免穿越梁、柱。目前给水管道的材料主要是塑料管材，其优点是耐腐蚀、耐久性好、易连接、不易渗漏。

给水系统按供水用途的特征分类，可分为生活给水系统、热水系统和消防给水系统三种给水子系统。

1）生活给水

在人们日常生活用水中，饮用水仅占很小部分。为了提高饮水品质，可用两套系统供水，其中一套是提供高质量、净化后的直接饮用水。

2）热水系统

热水供应系统一般按竖向分区。为保证供水效果，建筑物内通常设置机械循环集中热水供应系统，热水的加热器和水泵均集中于地下的设备间。如果建筑物较高，分区数量较多，为防止加热器负担过大压力，可将各分区的加热器和循环水泵设在该区的设备层中，分别供应本区热水。

在电力供应充足或有燃气供应时，可设置电热水器或燃气热水器的局部供应热水系统。此时只需由冷水管道供水，省去一套集中热水系统，且使用也比较灵活方便。

3）消防给水

在一般建筑物中，根据要求可设置消防与生活或生产结合的联合给水系统。对于消防要求高的建筑物或高层建筑，应设置独立的消防给水系统。

（1）消火栓系统：消火栓系统是最基本的消防给水系统，在多层或高层建筑物中已广泛使用。消火栓箱安装在建筑物中经常有人通过、明显和使用方便之处。消火栓箱中装有消防龙头、水龙带、水枪等器材。

（2）自动喷淋系统：在火灾危险性较大、燃烧较快、无人看管或防火要求较高的建筑物中，须装设自动喷淋消防系统。其作用是当火灾发生时，能自动喷水扑灭火灾，同时又能自动报警。系统由洒水喷头、供水管网、贮水箱、控制信号阀及烟感、温感等各式探测报警器等部分组成。

2. 排水系统

建筑排水系统按其排放的性质，一般可分为生活污水、生产废水和雨水三类排水系统。排水系统力求简短，安装正确牢固、不渗不漏，使管道运行正常。它通常由下列部分组成：

（1）卫生器具：包括洗脸盆、洗手盆、洗涤盆、洗衣盆（机）、洗菜盆、浴盆、拖布池、大便器、小便池、地漏等。

（2）排水管道：包括器具排放管、横支管、立管、埋设地下总干管、室外排出管、通气管及其连接部件。

需要注意的是，当排水不能以重力流排至室外排水管中时，必须设置局部污水抽升设备来排除内部污水、废水。常用的抽升设备有污水泵、潜水泵、喷射泵、手摇泵及气压输水器等。

（3）化粪池：化粪池是用钢筋混凝土或砖石砌筑成的地下构筑物。其主要功能是集中收集生活污水并对其进行初步净化。

在有污水处理厂的城市中，生活或有害的工业污水、废水须先经过局部处理才能排放，处理方式有物理法、生物法、化学法。

（4）中水系统：中水道是为降低市政建设中给水排水工程的投资，改善环境卫生，缓和城市供水紧张而采用废水处理后回用的技术措施。废水处理后回用的水不能饮用，只能供冲洗厕所、道路、汽车或消防用水和绿化用水。设置中水系统，要按规定配套建设中水设施，例如，净化池、消毒池、水处理设备等。

3. 电气设备

为满足建筑物的使用功能，在建筑物内都要配置供电设备，如配电柜、配电箱、电表等。室内配电用的电压，最普通的为 220V/380V 三相五线制、50Hz 交流电压。220V 单相负载用于电灯照明或其他家用电器设备，380V 三相负载多用于有电动机的设备及平衡荷载。

导线是供配电系统中一个重要组成部分，包括导线型号与导线截面的选择。供电线路中导线型号的选择，是根据使用的环境、敷设方式和供货的情况而定。导线截面的选择，应根据机械强度、导线电流的大小、电压损失等因素确定。

配电箱是接受和分配电能的装置。配电箱按用途，可分为照明配电箱和动力配电箱；

按安装形式，可分为明装（挂在墙上或柱上）、暗装和落地柜式。用电量小的建筑物可只设一个配电箱；用电量较大的建筑物可在每层设分配电箱，在首层设总配电箱。对于用电量大的建筑物，根据各种用途可设置数量较多的各种类型的配电箱。

电开关包括刀开关和自动空气开关。前者适用于小电流配电系统中，可作为一般电灯、电器等回路的开关来接通或切断电路，此种开关有双极和三极两种；后者主要用来接通或切断负荷电流。因此，又称为电压断路器。开关系统中一般还应设置熔断器，主要用来保护电气设备免受过负荷电流和短路电流的损害。

电表用来计算用户的用电量，并根据用电量来计算应缴电费数额，交流电度表可分为单相和三相两种。选用电表时，要求额定电流大于最大负荷电流并适当留有余地，考虑今后发展的可能。

我国是受雷电灾害严重危害的国家。雷电是大气中的自然放电现象，它有可能破坏建筑物及电气设备和网络，并危及人的生命。因此，建筑物应有防雷装置，以避免遭受雷击。建筑物的防雷装置一般由接闪器（避雷针、避雷带或避雷网）、引下线和接地装置三个部分组成。避雷针是作防雷用，其功能不在于避雷，而是接收雷电流。一般情况下，优先考虑采用避雷针，也可采用避雷带或避雷网。引下线一般采用圆钢或扁钢制成，沿建筑物外墙敷设，并以最短路径与接地装置连接。接地装置一般由角钢、圆钢、钢管制成，其作用是将雷电流散泄到大地中。

4. 供热系统

在冬季比较寒冷的地区，一般设置供热系统。供热系统的作用是通过散热设备不断地向房间供给热量，以补偿房间内的热耗失量，维持室内一定的环境温度。

1）供热方式

常用的供热方式主要包括区域供热、集中供热和局部供热：

（1）区域供热：大规模的集中供热系统是由一个或多个大型热源产生的热水或蒸汽，通过区域供热管网，供给地区以至整个城市的建筑物供热、生活或生产用热。如大型区域锅炉房或热电厂供热系统。

（2）集中供热：由热源（锅炉产生的热水或蒸汽作为热媒）经输热管道送到供热房间的散热器或地热管中，放出热量后，经回水管道流回热源重新加热，循环使用。

（3）局部供热：将热源和散热设备合并成一个整体分散设置在各个供热房间。例如，火炉、火炕、空气电加热器等。

2）供热介质

供热系统按供热介质不同可分为热水供热系统和蒸汽供热系统两类：

（1）热水供热系统：一般由锅炉、输热管道、散热器、循环水泵、膨胀水箱等组成。

（2）蒸汽供热系统：以蒸汽锅炉产生的饱和水蒸气作为热媒，经管道进入散热器内，将饱和水蒸气的汽化潜热散发到房间周围的空气中，水蒸气冷凝成同温度的饱和水，凝结水再经管道及凝结水泵返回锅炉重新加热。与热水供热相比，蒸汽供热热得快，冷得也快，多适用于间歇性的供热建筑（例如，影剧院、俱乐部）。

5. 通风与空调设备

在人们生产和生活的室内空间，需要维持一定的空气环境，通风与空气调节是创造这种空气环境的一种手段。

为了维持室内合适的空气环境湿度与温度，需要排出其中的余热余湿、有害气体、水蒸气和灰尘；同时，送入一定质量的新鲜空气，以满足人体卫生或生产车间工艺的要求。

通风系统按动力，分为自然通风和机械通风；按作用范围，分为全面通风和局部通风；按特征，分为进气式通风和排气式通风。

空气调节是使室内的空气温度、相对湿度、气流速度、洁净度等参数保持在一定范围内的技术，是建筑通风的发展和继续。空调系统对送入室内的空气进行过滤、加热或冷却、干燥或加湿等各种处理，使空气质量满足不同的使用要求。

空气调节工程一般可由空气处理设备（例如，制冷机、冷却塔、水泵、风机、空气冷却器、加热器、加湿器、过滤器、空调器、消声器）和输送管道，以及空气分配装置的各种风口和散流器，还有调节阀门、防火阀等附件所组成。

按空气处理的设置情况分类，空调系统可以分为集中式系统（空气处理设备大多设置在集中的空调机房内，空气经处理后由风道送入各房间）、分布式系统（将冷、热源和空气处理与输送设备整个组装的空调机组，按需要直接放置在空调房内或附近的房间内，每台机组只供一个或几个小房间，或者一个大房间内放置几台机组）、半集中式系统（集中处理部分或全部风量，然后送往各个房间或各区进行再处理）。

6. 燃气设备

燃气是一种气体燃料，根据其来源，可分为天然气、人工煤气和液化石油气。燃气具有较高的热能利用率，燃烧温度高，火力调节容易，使用方便，燃烧时没有灰渣，清洁卫生。但是，燃气易引起燃烧或爆炸，火灾危险性较大。人工煤气具有较强的毒性，容易引起中毒事故。因此，燃气管道及设备等的设计、敷设或安装，都应有严格的要求。

城市燃气一般采用管道供应，其供应系统由气源、供应管网及储备站、调压站等组成。室内燃气供应系统由室内燃气管道、燃气表和燃气设备等组成。燃气经过室内燃气管道、燃气表再达到各个用气点。

室内燃气管道由引入管、立管和支管等组成，不得从建筑物和大型构筑物的下面穿过，不应穿过电力、电缆、供热和污水等地下管沟或同沟敷设，燃气管可沿建筑物外墙或屋面敷设，距非用气房间门、窗洞口水平净距，中压管道不宜小于 0.5m，低压管道不宜小于 0.3m。

燃气表所在的房间室温应高于 0℃，一般直接挂装在墙上。燃气表与燃气灶之间的净距大于 300mm 时，表底距地面的净距不小于 1.4m；燃气表与燃气灶之间的净距小于 300mm 时，表底距地面的净距不小于 1.8m。

常用的燃气设备有燃气灶、燃气热水器、家庭燃气炉、燃气开水炉等。燃气设备严禁设置在卧室内，严禁在浴室内安装直接排气式、半密闭式燃气热水器等在使用空间内积聚有害气体的加热设备，户内燃气灶应安装在通风良好的厨房、阳台内，燃气热水器等燃气设备应安装在通风良好的厨房、阳台内或其他非居住房间。

7. 电梯设备

电梯是沿固定导轨自一个高度运行至另一个高度的升降机，是一种建筑物的竖向交通工具。电梯的类型、数量及电梯厅的位置对高层建筑人群的疏散起着重要作用。

电梯按使用性质，可分为客梯、货梯、消防电梯、观光电梯。客梯主要用于人们在建筑中竖向的联系。货梯主要用于运送货物及设备。消防电梯主要用于发生火灾、爆炸等紧急情况下作安全疏散人员和消防人员紧急救援。观光电梯是把竖向交通工具和登高流动观景相结合的电梯。

电梯按行驶速度，可分为高速电梯、中速电梯、低速电梯。消防电梯的常用速度大于2.5m/s，客梯速度随层数增加而提高。中速电梯的速度为 1.5～2.5m/s。低速电梯的速度在1.5m/s 之内。

电梯的设置首先应考虑安全可靠、方便用户，其次才是经济。电梯由于运行速度快，可节省交通时间。在商店、写字楼、宾馆等均可设置电梯。一般一部电梯的服务人数在 400人以上，服务面积为 450～650m^2。在住宅中，为满足日常使用，设置电梯应符合以下要求：

（1）7 层以上（含 7 层）的住宅或住户入口层楼面距室外设计地面的高度超过 16m 的住宅，必须设置电梯。

（2）12 层以上（含 12 层）的住宅，设置电梯不应少于两台，其中宜配置一台可容纳担架的电梯。

（3）高层住宅电梯宜每层设站，当住宅电梯非每层设站时，不设站的层数不应超过两层。塔式和通廊式高层住宅电梯宜成组集中布置。单元式高层住宅每单元只设一部电梯时，应采用联系廊联通。

电梯及电梯厅应适当集中，位置要适中，以便各层和层间的服务半径均等。电梯在高层建筑中的位置一般可归纳为：在建筑物平面中心；在建筑物平面的一侧；在建筑物平面基本体量以外。在建筑平面布置中，电梯厅与主要通道应分隔开，以免相互干扰。

8. 智能化设备

楼宇智能化是以综合布线系统为基础，综合利用现代 4C 技术［现代计算机技术（computer）、现代通信技术（communication）、现代控制技术（control）、现代图形显示技术（CRT）］，在建筑物内建立一个由计算机系统统一管理的一元化集成系统，全面实现对通信系统、办公自动化系统和各种建筑设备（空调、供热、给水排水、变配电、照明、电梯、消防、公共安全）等的综合管理。

1）楼宇智能化

楼宇智能化系统由下列三部分组成：

（1）通信自动化：它是指建筑物本身应具备的通信能力，包括建筑物内的局域网和对外联络的广域网及远域网。通信自动化能为建筑物内的用户提供易于连接、方便、快速的各类通信服务，畅通音频电话、数字信号、视频图像、卫星通信等各类传输渠道。

（2）办公自动化：它是指为最终使用者所具体应用的自动化功能，提供包括各类网络在内的饱含创意的工作场所和富于思维的创造空间，创造出高效有序及安逸舒适的工作环境，为建筑物内用户的信息检索与分析、智能化决策、电子商务等业务工作提供方便。

（3）楼宇自动化：它主要是对建筑物内的所有机电设施和能源设备实现高度自动化和智能化管理，以中央计算机或中央监控系统为核心，对建筑物内设置的供水、电力照明、空气调节、冷热源、防火防盗、监控显示和门禁系统以及电梯等各种设备的运行情况，进行集中监测控制和科学管理，创造和提供一个人们感到适宜的温度、湿度、照明和空气清新的工作和生活环境，达到高效、节能、舒适、安全、便利和实用的要求。

楼宇自动化系统应具备以下基本功能：

a. 保安监视控制功能：包括保安闭路电视设备、巡更对讲通信设备、与外界连接的开口部位的警戒设备和人员出入识别装置紧急报警、出警和通信联络设施。

b. 消防灭火报警监控功能：包括烟火探测传感装置和自动报警控制系统，联动控制启闭消火栓、自动喷淋及灭火装置，自动排烟、防烟、保证疏散人员通道通畅和事故照明电源正常工作等监控设施。

c. 公用设施监视控制功能：包括高低变压、配电设备和各种照明电源等设施的切换监视。给水、排水系统和卫生设施等运行状态进行自动切换、启闭运行和故障报警等监视控制。冷热源、锅炉以及公用贮水等设施的运行状态显示、告警监视、电梯、其他机电设备以及停车场出入自动管理系统等监视控制。

楼宇智能化系统也可分解为下列子系统：中央计算机及网络系统、办公自动化系统、建筑设备自控系统、智能卡系统、火灾报警系统、内部通信系统、卫星及公用天线系统、停车场管理系统和综合布线系统。

智能化楼宇的主要优点：提供安全、舒适、高效率的工作环境，节约能耗，提供现代化的通信手段和信息服务，建立科学先进的综合管理机制。

2）智能化居住区

智能化居住区的基本要求：

（1）设置智能化居住区安全防范系统。根据居住区的规模、档次及管理要求，可选设下列安全防范系统：居住区周边防范报警系统、居住区客对讲系统、110 报警系统、电视监控系统和门禁及居住区巡更系统。

（2）设置智能化居住区信息服务系统。根据居住区服务要求，可选设下列信息服务系统：有线电视系统、卫星接收装置、语音和数据传输网络和网上电子住处服务系统。

（3）设置智能化居住区物业管理系统。根据居住区管理要求，可选设下列物业管理系统：水表、电表、燃气表、暖气的远程自动计量系统，停车管理系统，居住区背景音乐系统，电梯运行状态监视系统，居住区公共照明、给水排水等设备的自动控制系统，住户管理、设备管理等物业管理系统。

智能化住宅要充分体现“以人为本”的原则，其基本要求有：在卧室、客厅等房间要设置电线插座，在卧室、书房、客厅等房间应设置信息插座，客厅要设置可视对讲和住宅出入口门锁控制装置，要在厨房内设置燃气报警装置，宜设置紧急呼叫求救按钮，宜设置水表、电表、燃气表、暖气的远程自动计量装置。

4.2　房屋状况

在选择或购买房屋时，了解其状况非常重要。同样在验房时了解房屋状况也是非常重要，交易环节验房了解房屋状况，可以根据房屋状况专项检查房屋可能存在或已经存在的风险，打破交易双方信息不对称。

房屋的状况不仅涉及建筑本身的结构、装修和设备设施，还包括房屋的面积、房屋的权属情况、房屋的完损情况、房屋的折旧情况。以下我们将房屋状况分解为物理状况、权属状况、完损状况和折旧状况 4 个方面进行介绍，帮助您更好地了解和评估房屋的价值和潜在风险。

4.2.1　物理状况

1. 面积

房屋面积主要有建筑面积、使用面积，成套房屋还有套内建筑面积、共有建筑面积、分摊的共有建筑面积，此外还有预测面积、实测面积、合同约定面积、产权登记面积。

（1）建筑面积：是指房屋外墙（柱）勒脚以上各层的外围水平投影面积，包括阳台、挑廊、地下室、室外楼梯等，且具备上盖，结构牢固，层高 2.20m 以上（含 2.20m，下同）的永久性建筑。

（2）使用面积：是指房屋户内全部可供使用的空间面积，即户内面积减去墙体所占用的水平面积。

（3）套内建筑面积：是指由套内房屋使用面积、套内墙体面积、套内阳台建筑面积三部分组成的面积。

（4）共有建筑面积：是指各产权人共同占有或共同使用的建筑面积，它应按一定方式由各产权人共同分摊。

（5）分摊的共有建筑面积：是指某个产权人在共有建筑面积中所分摊的面积。

（6）预测面积：根据预测方式的不同，预测面积分为按图纸预测的面积和按已完工部分结合图纸预测的面积两种。按图纸预测的面积，是指在商品房预售时按商品房建筑设计图上尺寸计算的房屋面积。按已完工部分结合图纸预测的面积，是指对商品房已完工部分实际测量后，结合商品房建筑设计图，测算出的房屋面积。

（7）实测面积：又称竣工面积，是指房屋竣工后由房产测绘单位实际测量后出具的房屋面积实测数据。实测面积有时与预测面积不一致，原因可能是允许的施工误差、测量误差造成的，也可能是工程变更（包括建筑设计方案变更）、施工错误、施工放样误差过大、房屋竣工后原属于应分摊的共有建筑面积的功能或服务范围改变等造成的。

（8）合同约定面积简称合同面积，是指商品房出卖人和买受人在商品房预（销）售合同中约定的所买卖商品房的面积。

（9）产权登记面积：是指由房产测绘单位测算，标注在房屋权属证书上、计入房屋权属档案的房屋的建筑面积。

小贴士 ›››››

房屋面积测算是验房师的基本技能之一，下面为大家介绍一下房屋面积测算的基本规则。

1. 房屋面积测算的一般规定

（1）房屋面积测算是指水平投影面积测算。

（2）房屋面积测量的精度必须达到现行国家标准《房产测量规范 第 1 单元：房产测量规定》GB/T 17986.1—2000 规定的房产面积的精度要求。

（3）房屋面积测算必须独立进行两次，其较差应在规定的限差以内，取简单算术平均数作为最后结果。

（4）量距应使用经检定合格的卷尺或其他能达到相应精度的仪器和工具。

（5）边长以米（m）为单位，取至 0.01m；面积以平方米（m^2）为单位，取至 0.01m^2。

2. 房屋建筑面积的测算

（1）计算建筑面积的一般规定

a. 计算建筑面积的房屋，应是永久性结构的房屋。

b. 计算建筑面积的房屋，层高应在 2.20m 以上。

c. 同一房屋如果结构、层数不相同时，应分别计算建筑面积。

（2）计算全部建筑面积的范围

a. 单层房屋，按一层计算建筑面积；二层以上（含二层，下同）的房屋，按各层建筑面积的总和计算建筑面积。

b. 房屋内的夹层、插层、技术层及其楼梯间、电梯间等其高度在 2.20m 以上部位计算建筑面积。

c. 穿过房屋的通道，房屋内的门厅、大厅，均按一层计算面积。门厅、大厅内的回廊部分，层高在 2.20m 以上的，按其水平投影面积计算。

d. 楼梯间、电梯（观光梯）井、提物井、垃圾道、管道井等均按房屋自然层计算面积。

e. 房屋天面上，属永久性建筑，层高在 2.20m 以上的楼梯间、水箱间、电梯机房及斜面结构屋顶高度在 2.20m 以上的部位，按其外围水平投影面积计算。

f. 挑楼、全封闭的阳台，按其外围水平投影面积计算。属永久性结构有上盖的室外楼梯，按各层水平投影面积计算。与房屋相连的有柱走廊，两房屋间有上盖和柱的走廊，均按其柱的外围水平投影面积计算。房屋间永久性的封闭的架空通廊，按外围水平投影面积计算。

g. 地下室、半地下室及其相应出入口，层高在 2.20m 以上的，按其外墙（不包括采光井、防潮层及保护墙）外围水平投影面积计算。

h. 有柱（不含独立柱、单排柱）或有围护结构的门廊、门斗，按其柱或围护结构的外围水平投影面积计算。

i. 玻璃幕墙等作为房屋外墙的，按其外围水平投影面积计算。

j. 属永久性建筑有柱的车棚、货棚等，按柱的外围水平投影面积计算。

k. 依坡地建筑的房屋，利用吊脚做架空层，有围护结构的，按其高度在 2.20m 以上部位的外围水平投影面积计算。

l. 有伸缩缝的房屋，如果其与室内相通的，伸缩缝计算建筑面积。

（3）计算一半建筑面积的范围

a. 与房屋相连有上盖无柱的走廊、檐廊，按其围护结构外围水平投影面积的一半计算。

b. 独立柱、单排柱的门廊、车棚、货棚等属永久性建筑的，按其上盖水平投影面积的一半计算。

c. 未封闭的阳台、挑廊，按其围护结构外围水平投影面积的一半计算。

d. 无顶盖的室外楼梯按各层水平投影面积的一半计算。

e. 有顶盖不封闭的永久性的架空通廊，按外围水平投影面积的一半计算。

（4）不计算建筑面积的范围

a. 层高在 2.20m 以下（不含 2.20m，下同）的夹层、插层、技术层和层高在 2.20m 以下的地下室和半地下室。

b. 突出房屋墙面的构件、配件、装饰柱、装饰性的玻璃幕墙、垛、勒脚、台阶、无柱雨篷等。

c. 房屋之间无上盖的架空通廊。

d. 房屋的天面、挑台、天面上的花园、泳池。

e. 建筑物内的操作平台、上料平台及利用建筑物的空间安置箱、罐的平台。

f. 骑楼、过街楼的底层用作道路街巷通行的部分。

g. 利用引桥、高架路、高架桥、路面作为顶盖建造的房屋。

h. 活动房屋、临时房屋、简易房屋。

i. 独立烟囱、亭、塔、罐、池、地下人防干、支线。

j. 与房屋室内不相通的房屋间的伸缩缝。

（5）几种特殊情况下计算建筑面积的规定

a. 同一楼层外墙，既有主墙，又有玻璃幕墙的，以主墙为准计算建筑面积，墙厚按主墙体厚度计算。各楼层墙体厚度不相同时，分层分别计算。金属幕墙及其他材料幕墙，参照玻璃幕墙的有关规定处理。

b. 房屋屋顶为斜面结构（坡屋顶）的，层高（高度）2.20m 以上的部位计算建筑面积。

c. 全封闭阳台、有柱挑廊、有顶盖封闭的架空通廊的外围水平投影超过其底板外沿的，以底板水平投影计算建筑面积。未封闭的阳台、无柱挑廊、有顶盖未封闭的架空通廊的外围水平投影超过其底板外沿的，以底板水平投影的一半计算建筑面积。

d. 与室内任意一边相通，具备房屋的一般条件，并能正常利用的伸缩缝、沉降缝应计算建筑面积。

e. 对倾斜、弧状等非垂直墙体的房屋，层高（高度）2.20m 以上的部位计算建筑面积。房屋墙体向外倾斜，超出底板外沿的，以底板水平投影计算建筑面积。

f. 楼梯已计算建筑面积的，其下方空间不论是否利用均不再计算建筑面积。

g. 临街楼房、挑廊下的底层作为公共道路街巷通行的，不论其是否有柱，是否有围护结构，均不计算建筑面积。

h. 与室内不相通的类似于阳台、挑廊、檐廊的建筑，不计算建筑面积。

i. 室外楼梯的建筑面积，按其在各楼层水平投影面积之和计算。

3. 成套房屋建筑面积的测算

1）成套房屋建筑面积的内涵

对于整幢为单一产权人的房屋，房屋建筑面积的测算一般以幢为单位进行。随着同一幢房屋内产权出现多元化及功能出现多样化，例如，多层、高层住宅楼中每户居民各拥有其中一套，除单一功能的住宅楼外还有商住楼、综合楼等，从而还需要房屋建筑面积测算分层、分单元、分户进行，由此产生了分幢建筑面积、分层建筑面积、分单元建筑面积和分户建筑面积等概念。

分幢建筑面积是指以整幢房屋为单位的建筑面积。分层建筑面积是指以房屋某层或某几层为单位的建筑面积。分单元建筑面积是指以房屋某梯或某几个套间为单位的建筑面积。分户建筑面积是指以一个套间为单位的建筑面积。分层建筑面积的总和，分单元建筑面积的总和，分户建筑面积的总和，均等于分幢建筑面积。成套房屋建筑面积通常是指分户建筑面积。

2）成套房屋建筑面积的组成

成套房屋的建筑面积由套内建筑面积和分摊的共有建筑面积组成，即：

建筑面积 = 套内建筑面积 + 分摊的共有建筑面积

成套房屋的套内建筑面积由套内房屋使用面积、套内墙体面积、套内阳台建筑面积三部分组成，即：

套内建筑面积 = 套内房屋使用面积 + 套内墙体面积 + 套内阳台建筑面积

套内房屋使用面积的计算：

套内房屋使用面积为套内房屋使用空间的面积，以水平投影面积按以下规定计算：

a. 套内使用面积为套内卧室、起居室、过厅、过道、厨房、卫生间、厕所、储藏室、壁柜等空间面积的总和。

b. 套内楼梯按自然层数的面积总和计入使用面积。

c. 不包括在结构面积内的套内烟囱、通风道、管道井均计入使用面积。

d. 内墙面装饰厚度计入使用面积。

3）套内墙体面积的计算

套内墙体面积是套内使用空间周围的围护或承重墙体或其他承重支撑体所占的面积，其中各套之间的分隔墙和套与公共建筑空间的分隔墙以及外墙（包括山墙）等共有墙，均按水平投影面积的一半计入套内墙体面积。套内自有墙体按水平投影面积全部计入套内墙体面积。

4）套内阳台建筑面积的计算

套内阳台建筑面积均按阳台外围与房屋外墙之间的水平投影面积计算。其中，封闭的阳台按水平投影面积全部计算建筑面积，未封闭的阳台按水平投影面积的一半计算建筑面积。

5）分摊的共有建筑面积的计算

a. 共有建筑面积的类型。根据房屋共有建筑面积的不同使用功能（例如，住宅、商业、办公等），应分摊的共有建筑面积分为幢共有建筑面积、功能共有建筑面积、本层共有建筑面积三大类。

幢共有建筑面积是指为整幢服务的共有建筑面积，例如，为整幢服务的配电房、水泵房等。

功能共有建筑面积是指专为某一使用功能服务的共有建筑面积，例如，专为某一使用功能（例如，商业）服务的电梯、楼梯间、大堂等。

本层共有建筑面积是指专为本层服务的共有建筑面积，例如，本层的共有走廊等。

b. 共有建筑面积的内容。共有建筑面积的内容包括：作为公共使用的电梯井、管道井、楼梯间、垃圾道、变电室、设备间、公共门厅、过道、地下室、值班警卫室等，以及为整幢服务的公共用房和管理用房的建筑面积，以水平投影面积计算；套与公共建筑之间的分隔墙，以及外墙（包括山墙）水平投影面积一半的建筑面积。

不计入共有建筑面积的内容有：独立使用的地下室、车棚、车库；作为人防工程的地下室、避难室（层）；用作公共休憩、绿化等场所的架空层；为建筑造型而建，但无实用功能的建筑面积。

建在幢内或幢外与本幢相连，为多幢服务的设备、管理用房，以及建在幢外与本幢不相连，为本幢或多幢服务的设备、管理用房均作为不应分摊的共有建筑面积。

整幢房屋的建筑面积扣除整幢房屋各套套内建筑面积之和，并扣除已作为独立使用的地下室、车棚、车库、为多幢服务的警卫室、管理用房，以及人防工程等建筑面积，即为整幢房屋的共有建筑面积。

c. 共有建筑面积分摊的原则。产权各方有合法产权分割文件或协议的，按其文件或协议规定进行分摊。无产权分割文件或协议的，根据房屋共有建筑面积的不同使用功能，按相关房屋的建筑面积比例进行分摊。

d. 共有建筑面积分摊的计算公式。共有共用面积按比例分摊的计算公式按相关建筑面积进行共有或共用面积分摊，按下式计算：

$$\delta S_i = K \cdot S_i \sum \delta S_i K = \sum S_i$$

式中：K——面积的分摊系数；

S_i——各单元参加分摊的建筑面积，m^2；

δS_i——各单元参加分摊所得的分摊面积，m^2；

$\sum \delta S_i$——需要分摊的分摊面积总和，m^2；

$\sum S_i$——参加分摊的各单元建筑面积总和，m^2。

6）共有建筑面积分摊的方法

将房屋分为单一住宅功能的住宅楼，商业与住宅两种功能的商住楼，商业、办公等多种功能的综合楼三种类型，分别说明其共有建筑面积分摊的方法如下：

住宅楼：以幢为单位，按各套内建筑面积比例分摊共有建筑面积。

商住楼：以幢为单位，首先根据住宅和商业的不同使用功能，将应分摊的共有建筑面积分为住宅专用的共有建筑面积（住宅功能共有建筑面积），商业专用的共有建筑面积（商业功能共有建筑面积），住宅与商业共同使用的共有建筑面积（幢共有建筑面积）。住宅专用的共有建筑面积直接作为住宅部分的共有建筑面积；商业专用的共有建筑面积直接作为商业部分的共有建筑面积；住宅与商业共同使用的共有建筑面积，按住宅与商业的建筑面积比例分别分摊给住宅和商业。然后将住宅部分的共有建筑面积（住宅专用的面积加上按比例分摊的面积）按住宅各套内建筑面积比例进行分摊；将商业部分的共有建筑面积（商业专用的面积加上按比例分摊的面积），按商业各层套内建筑面积比例分摊给商业各层，作为商业各层共有建筑面积的一部分，加上商业相应各层本身的共有建筑面积，得到商业各层总的共有建筑面积，再将该各层总的共有建筑面积按相应层内各套内建筑面积比例进行分摊。

综合楼：多功能综合楼共有建筑面积按各自的功能，参照上述商住楼分摊的方法进行分摊。

2. 建筑布局

房屋的建筑布局即卧室、客厅、卫生间、厨房等功能区域的相对分布。住宅的户型按平面组织可分为：二室一厅、二室二厅、三室一厅、三室二厅、四室二厅等。按剖面变化可分为：平层、复式、跃层式、错层式等。

验房的时候要注意是否与自己购房合同的规定相符，位置、大小、规格是否正确。

3. 开间和进深

住宅的开间是指一间房屋内两堵墙之间的轴线距离。通常情况下，住宅的开间在3m至4.2m之间。如开间尺度较小，会缩短楼板的空间跨度，住宅结构的整体性、稳定性和抗震性都将得到增强；但同时，承重墙、柱结构所占的面积相对较大，减少了有效使用面积，也会降低家庭居住舒适感。

住宅的进深是指一间独立的房屋或一幢居住建筑从前墙壁到后墙壁之间的实际长度。通常情况下，住宅的进深不宜过大，一般为 5m 左右。如果进深过大会影响住宅的自然采光和通风。

4. 层高与净高

住宅的层高，是指下层地板面或楼板面到上层地板面或楼板面的距离，也就是一层房屋的高度。

住宅的净高，下层地板面或楼板上表面到上层楼板下表面之间的距离，净高和层高的关系可以用公式来表示：净高 = 层高 – 楼板厚度，即层高和楼板厚度的差叫净高。

房屋的开间、进深和层高，就是住宅的宽度、长度和高度，这三大指标是确定住宅价格的重要因素，如果这三大因素的尺寸越大，建筑空间就越大，同时单位面积建筑所消耗的建材就越多，导致建造的成本也会越高。

5. 外观与高度

建筑外观就是建筑物的外在形象。建筑总高度指室外地坪至主体檐口上部或女儿墙顶部的总高度。房屋的总层数是房屋的地上层数与地下层数之和。房屋所在层数系指房屋的层次，楼板在室外地坪以上的层数用自然数表示，以下的层数用负数表示；房屋层高在 2.20m（含）以上的计算层数。

建筑高度是指建筑物室外地面到其檐口或屋面面层的高度。屋顶上的水箱间、电梯机房、排烟机房和楼梯出口小间等占屋顶平面面积不超过 1/4 的不计入建筑高度。

住宅按照层数分类，可以分为低层或多层住宅和高层住宅。其中，建筑高度不大于 27m 的住宅称为低层或多层住宅，建筑高度大于 27m，且高度小于 100m 的住宅称为高层住宅。

公共建筑及综合性建筑，总高度超过 24m 的为高层，但不包括总高度超过 24m 的单层建筑。

建筑总高度超过 100m 的称为超高层建筑。

4.2.2　权属状况

房屋的权属状况跟交易情况有关，房屋交易的实质是房屋产权的交易，因此产权清晰是成交的前提条件。在现实生活中，有几类房屋权属问题容易被忽略。

1. 有房屋未必就有产权

单位自建的房屋，农村宅基地上建造的房屋，社区或项目配套用房，未经规划或报建批准的房屋等，都有可能不是完全产权，容易导致成交困难。所以，确认好房屋的权属，是验房的前提条件。

2. 有不动产产权证书未必就有产权

不动产产权证书（以下称“房地产证”）遗失补办后发生过转让的情形，原房地产证显然没有产权；有房地产证而遭遇查封甚至强制拍卖的情形，原房地产证也就没有了产权，当然还有伪造房地产证的情形。

3. 产权是否登记

预售商品房未登记、抵押商品房未登记是比较常见的情形，仅凭购买合同或抵押合同是不能完全界定产权状态的。

4. 产权是否完整

已抵押的房屋未解除抵押前，业主不得擅自处置，公房上市也需要补交土地出让金或其他款项，符合已购公有住房上市出售条件，才能出售。

5. 产权有无纠纷

在拍卖市场竞得的房屋可能存在纠纷，这是因为债务人有意逃避债务导致的，而涉及婚姻或财产继承的情况也会让产权转移变得复杂，租赁业务中比较多的情形是，依法确定为拆迁范围内的房屋后，产权人将房屋出租。

同时，《中华人民共和国城市房地产管理法》及《城市房地产转让管理规定》都明确规定了房地产转让应当符合的条件，采取排除法规定了下列房地产不得转让：

（1）达不到下列条件的房地产不得转让：以出让方式取得土地使用权的，未按照出让合同约定支付全部土地使用权出让金，且未取得土地使用权证书。按照出让合同约定进行投资开发，属于房屋建设工程的，未完成开发投资总额的百分之二十五以上，不属于成片开发土地的，未能形成工业用地或者条件。被司法机关和行政机关依法裁定、决定查封或者以其他形式限制房地产权利的。依法收回土地使用权的。共有房地产，未经其他共有人书面同意的。权属有争议的。未依法登记领取权属证书的。

（2）司法机关和行政机关依法裁定、决定查封或以其他形式限制房地产权利的。司法机关和行政机关可以根据合法请求人的申请或社会公共利益的需要，依法裁定、决定查封、决定限制房地产权利，如查封、限制转移等。在权利受到限制期间，房地产权利人不得转让该项房地产。

（3）依法收回土地使用权的。根据国家利益或社会公共利益的需要，国家有权决定收回出让或划拨给他人使用的土地，任何单位和个人应当服从国家的决定，在国家依法做出收回土地使用权决定之后，原土地使用权人不得再行转让土地使用权。

（4）共有房地产，未经其他共有人书面同意的。共有房地产，是指房屋的所有权、国有土地使用权为两个或两个以上权利人所共同拥有。共有房地产权利的行使需经全体共有人同意，不能因部分权利人的请求而转让。

（5）权属有争议的。权属有争议的房地产，是指有关当事人对房屋所有权和土地使用权的归属发生争议，致使该项房地产权属难以确定。转让该类房地产，可能影响交易的合法性，因此在权属争议解决之前，该项房地产不得转让。

（6）未依法登记领取权属证书的。产权登记是国家依法确定房地产权属的法定手续，未履行该项法律手续，房地产权利人的权利不具有法律效力，因此也不得转让该项房地产。

（7）法律和行政法规规定禁止转让的其他情形。法律、行政法规规定禁止转让的其他情形，是指上述情形之外，其他法律、行政法规规定禁止转让的其他情形。

《中华人民共和国城市房地产管理法》规定："商品房预售的，商品房预购人将购买的未竣工的预售商品房现行转让的问题，由国务院规定。"为抑制投机性购房，2005 年 5 月 9 日，国务院决定，禁止商品房预购人将购买的未竣工的预售商品房再行转让。

4.2.3　完损状况

为了统一评定各类房屋的完损等级标准，科学地制定房屋维修计划，我国城乡建设环境保护部（现住房和城乡建设部）在 1985 年曾颁布过《房屋完损等级评定标准（试行）》（以下简称《标准》），时至今日，一直用于评定我国房屋的基本性状和质量等级。在这个《标准》中，将房屋性状按照质量好坏程度分为"完好房、基本完好房、一般损坏房、严重损坏房和危险房"五类，适用于对房屋进行鉴定、管理时，其完损等级的评定。

在标准中，将房屋结构分为 4 类，分别是钢筋混凝土结构（承重的主要结构是用钢筋混凝土建造的）、混合结构（承重的主要结构是用钢筋混凝土和砖木建造的）、砖木结构（承重的主要结构是用砖木建造的）和其他结构（承重的主要结构是用竹木、砖石、土建造的简易房屋）。将各类房屋的结构分为基础、承重构件、非承重墙、屋面、楼地面 5 类；将装修分为门窗、外抹灰、内抹灰顶棚、细木装修 4 类；将设备分为水卫、电照、暖气及特种设备（如消火栓、避雷装置等）4 类，总共 13 类。

1. 完好房屋新房验收合格

二手房：完好房屋是指主体结构完好，屋面不渗漏，装修基本完整，门窗设备完整，上下水道通畅，室内地面平整，能保证居住安全和正常使用的房屋。

1）结构部分

（1）地基基础：有足够承载能力，无超过允许范围的不均匀沉降。

（2）承重构件：梁、柱、墙、板、屋架平直牢固，无倾斜变形、裂缝、松动、腐朽、蛀蚀。

（3）非承重墙：预制墙板节点安装牢固，拼缝处不渗漏；砖墙平直完好，无风化破损；石墙无风化弓凸；木、竹、芦帘、苇箔等墙体完整无破损。

（4）屋面：不渗漏（其他结构房屋以不漏雨为标准），基层平整完好，积尘甚少，排水畅通。

（5）平屋面防水层、隔热层、保温层完好；平瓦屋面瓦片搭接紧密，无缺角、裂缝瓦（合理安排利用除外），瓦出现完好；青瓦屋面瓦垄顺直，搭接均匀，瓦头整齐，无碎瓦，节筒俯瓦灰梗牢固，铁皮屋面安装牢固，铁皮完好，无锈蚀。石灰炉渣、青灰屋面光滑平整，油毡屋面牢固无破洞。

（6）楼地面：整体面层平整完好，无空鼓、裂缝、起砂；木楼地面平整坚固，无腐朽、下沉，无较多磨损和裂缝；砖、混凝土块料面层平整，无碎裂；灰土地面平整完好。

2）装修部分

（1）门窗：完整无损，开关灵活，玻璃、五金齐全，纱窗完整，油漆完好（允许有个别钢门、窗轻度锈蚀，其他结构房屋无油漆要求）。

（2）外抹灰：完整牢固，无空鼓、剥落、破损和裂缝（风裂除外），勾缝砂浆密实。其他结构房屋以完整无破损为标准。

（3）内抹灰完整、牢固，无破损、空鼓和裂缝（风裂除外），其他结构房屋以完整无破损为标准。

（4）顶棚：完整牢固，无破损、变形、腐朽和下垂脱落，油漆完好。

（5）细木装修完整牢固，油漆完好。

3）设备部分

a. 水卫：上、下水管道畅通，各种卫生器具完好，零件齐全无损。

b. 电照：电气设备、线路、各种照明装置完好牢固，绝缘良好。

c. 暖气：设备、管道、烟道畅通、完好，无堵、冒、漏，使用正常。

d. 特种设备：现状良好，使用正常。

2. 基本完好房屋

基本完好房屋是指主体结构完好；非承重少数部件虽然有损坏，经过维修能修复；装修部分及设备部分少数残缺、松动、损坏，经过维修能够正常使用。

1）结构部分

（1）地基基础：有承载能力，稍有超过允许范围的不均匀沉降，但已稳定。

（2）承重构件：有少量损坏，基本牢固。钢筋混凝土个别构件有轻微变形、细小裂缝，混凝土有轻度剥落、露筋；钢屋架平直不变形，各节点焊接完好，表面稍有锈蚀，钢筋混凝土屋架无混凝土剥落，节点牢固完好，钢杆件表面稍有锈蚀，木屋架的各部件，节点连接基本完好，稍有隙缝，铁件齐全，有少量生锈；承重砖墙（柱）、砌块有少量细裂缝；木构件稍有变形、裂缝、倾斜，个别节点和支撑稍有松动，铁件稍有锈蚀；竹结构节点基本牢固，轻度蛀蚀，铁件稍锈蚀。

（3）非承重墙：有少量损坏，但基本牢固。预制墙板稍有裂缝、渗水、嵌缝不密实，间隔墙面层稍有破损；外砖墙面稍有风化，砖墙体轻度裂缝，勒脚有侵蚀；石墙稍有裂缝、弓凸；木、竹、芦帘、苇箔等墙体基本完整，稍有破损。

（4）屋面：局部渗漏，积尘较多，排水基本畅通。平屋面隔热层、保温层稍有损坏，卷材防水层稍有空鼓、翘边和封口不严，刚性防水层稍有龟裂，块体防水层稍有脱壳平瓦屋面少量瓦片裂碎、缺角、风化、瓦出线稍有裂缝；青瓦屋面瓦垄少量不直，少量瓦片破碎，节筒俯瓦有松动，灰梗有裂缝，屋脊抹灰有裂缝，铁皮屋面少量咬口或嵌缝不严实，部分铁皮生锈，油漆脱皮；石灰炉渣、青灰屋面稍有裂缝，油毡屋面少量破洞。

（5）楼地面：整体面层稍有裂缝、空鼓、起砂；木楼地面稍有磨损和稀缝，轻度颤动；砖、混凝土块料面层磨损起砂，稍有裂缝、空鼓；灰土地面有磨损、裂缝。

2）装修部分

（1）门窗：少量变形、开关不灵，玻璃、五金、纱窗少量残缺，油漆失光。

（2）外抹灰稍有空鼓、裂缝、风化、剥落，勾缝砂浆水量酥松脱落。

（3）内抹灰稍有空鼓、裂缝、剥落。

（4）顶棚无明显变形、下垂，抹灰层稍有裂缝，面层稍有脱钉、翘角、松动，压条有脱落。

（5）细木装修：稍有松动、残缺，油漆基本完好。

3）设备部分

（1）水卫：上、下水管道基本畅通，卫生器具基本完好，个别零件残缺损坏。

（2）电照：电气设备、线路、照明装置基本完好，个别零件损坏。

（3）暖气：设备、管道、烟道基本畅通，稍有锈蚀，个别零件损坏，基本能正常使用。

（4）特种设备：现状基本良好，能正常使用。

3. 一般损坏房屋

一般损坏房屋是指主体结构基本完好，少数构件有损坏，经过维修能修复；屋面出现漏雨，门窗有的腐朽变形，下水道经常阻塞，内粉刷部分脱落，地板松动，墙体非结构性、开裂，需要进行正常修理的房屋。

1）结构部分

（1）地基基础：局部承载能力不足，有超过允许范围的不均匀沉降，对上部结构稍有影响。

（2）承重构件：有较多损坏，强度已有所减弱。钢筋混凝土构件有局部变形、裂缝，混凝土剥落露筋锈蚀、变形、裂缝值稍超过设计规范的规定，混凝土剥落面积占全部面积的 10%以内，露筋锈蚀；钢屋架有轻微倾斜或变形，少数支撑部件损坏，锈蚀严重，钢筋混凝土屋架有剥落，露筋、钢杆有锈蚀；木屋架有局部腐朽、蛀蚀，个别节点连接松动，木质有裂缝、变形、倾斜等损坏，铁件锈蚀；承重墙体（柱）、砌块有部分裂缝、倾斜、弓凸、风化、腐蚀和灰缝酥松等损坏；木构件局部有倾斜、下垂、侧向变形，腐朽、裂缝、少数节点松动、脱榫，铁件锈蚀；竹构件个别节点松动，竹材有部分开裂、蛀蚀、腐朽、局部构件变形。

（3）非承重墙：有较多损坏，强度减弱。预制墙板的边、角有裂缝，拼缝处嵌缝料部分脱落，有渗水，间隔墙层局部损坏砖墙有裂缝、弓凸、倾斜、风化、腐朽，灰缝有酥松，勒脚有部分侵蚀剥落石墙部分开裂、弓凸、风化、砂浆酥松，个别石块脱落；木、竹、芦帘墙体部分严重破损，土墙稍有倾斜，硝碱。

（4）屋面：局部漏雨，木基层局部腐朽、变形、损坏，钢筋混凝土屋板局部下滑，屋面高低不平，排水设施锈蚀、断裂。平屋面保温层、隔热层较多损坏，卷材防水层部分有空鼓、翘边和封口脱开，刚性防水层部分有裂缝、起壳，块体防水层部分有松动、风化、腐蚀；平瓦屋面部分瓦片有破碎、风化，瓦出现严重裂缝、起壳，脊瓦局部松动、破损；青瓦屋面部分瓦片风化、破碎、翘角，瓦垄不顺直，节筒俯瓦破碎残缺，灰梗部分脱落，屋脊抹灰有脱落，瓦片松动；铁皮屋面部分咬口或嵌缝不严实，铁皮严重锈烂；石灰炉渣、青灰屋面，局部风化脱壳、剥落，油毡屋面有破洞。

（5）楼地面整体面层部分裂缝、空鼓、剥落，严重起砂；木楼地面部分有磨损、蛀蚀、翘裂、松动、稀缝，局部变形下沉，有颤动；砖、混凝土块料面层磨损，部分破损、裂缝、脱落，高低不平；灰土地面坑洼不平。

2）装修部分

（1）门窗木门窗部分翘裂，榫头松动，木质腐朽，开关不灵钢门、窗部分铁胀变形、锈蚀，玻璃、五金、纱窗部分残缺；油漆老化翘皮、剥落。

（2）外抹灰：部分有空鼓、裂缝、风化、剥落，勾缝砂浆部分松酥脱落。

（3）内抹灰部分空鼓、裂缝、剥落。

（4）顶棚：有明显变形、下垂，抹灰层局部有裂缝，面层局部有脱钉、翘角、松动，部分压条脱落。

（5）细木装修：木质部分腐朽、蛀蚀、破裂；油漆老化。

3）设备部分

（1）水卫：上、下水道不够畅通，管道有积垢、锈蚀，个别滴、漏、冒；卫生器具零件部分损坏、残缺。

（2）电照：设备陈旧，电线部分老化，绝缘性能差，少量照明装置有损坏、残缺。

（3）暖气：部分设备、管道锈蚀严重，零件损坏，有滴、冒、跑现象，供气不正常。

（4）特种设备：不能正常使用。

4. 严重损坏房屋

严重损坏房屋是指年久失修，一些构件破坏严重，但无倒塌危险，需进行大修或有计划翻修、改建的房屋。

1）结构部分

（1）地基基础：承载能力不足，有明显不均匀沉降或明显滑动、压碎、折断、冻酥、腐蚀等损坏，并且仍在继续发展，对上部结构有明显影响。

（2）承重构件：明显损坏，强度不足。钢筋混凝土构件有明显下垂变形、裂缝，混凝土剥落和露筋锈蚀严重，下垂变形、裂缝值超过设计规范的规定，混凝土剥落面积占全面积的10%以上；钢屋架明显倾斜或变形，部分支撑弯曲松脱，锈蚀严重，钢筋混凝土屋架有倾斜，混凝土严重腐蚀剥落、露筋锈蚀，部分支撑损坏，连接件不齐全，钢杆锈蚀严重；

木屋架端节点腐朽、蛀蚀，节点连接松动，夹板有裂缝，屋架有明显下垂或倾斜，铁件严重锈蚀，支撑松动。承重墙体（柱）、砌块强度和稳定性严重不足，有严重裂缝、倾斜、弓凸、风化、腐蚀和灰缝严重酥松损坏；木构件严重倾斜、下垂、侧向变形、腐朽、蛀蚀、裂缝，木质脆枯，节点松动，榫头折断拔出、榫眼压裂，铁件严重锈蚀和部分残缺；竹构件节点松动、变形，竹材弯曲断裂、腐朽，整个房屋倾斜变形。

（3）非承重墙：有严重损坏，强度不足。预制墙板严重裂缝、变形，节点锈蚀，拼缝嵌料脱落，严重漏水，间隔墙立筋松动、断裂，面层严重破损；砖墙有严重裂缝、弓凸、倾斜、风化、腐蚀，灰缝酥松；石墙严重开裂、下沉、弓凸、断裂，砂浆酥松，石块脱落；木、竹、芦帘、苇箔等墙体严重破损，土墙倾斜、硝碱。

（4）屋面：严重漏雨。木基层腐烂、蛀蚀、变形损坏，屋面高低不平，排水设施严重锈蚀、断裂、残缺不全。平屋面保温层、隔热层严重损坏，卷材防水层普遍老化、断裂、翘边和封口脱开，沥青流淌，刚性防水层严重开裂、起壳、脱落，块体防水层严重松动、腐蚀、破损；平瓦屋面瓦片零乱不落槽，严重破碎、风化，瓦出现破损、脱落，脊瓦严重松动破损；青瓦屋面瓦片零乱，风化、碎瓦多、瓦垄不直、脱脚，节筒俯瓦严重脱落残缺，灰梗脱落，屋脊严重损坏；铁皮屋面严重锈烂，变形下垂；石灰炉渣、青灰屋面大面积冻鼓、裂缝、脱壳、剥落，油毡屋面严重老化，大部损坏。

（5）楼地面：整体面层严重起砂、剥落、裂缝、沉陷、空鼓；木楼地面有严重磨损、蛀蚀、翘裂、松动、稀缝、变形下沉，颤动；砖、混凝土块料面层严重脱落、下沉、高低不平、破碎、残缺不全；灰土地面严重坑洼不平。

2）装修部分

（1）门窗：木质腐朽，开关普遍不灵，榫头松动、翘裂，钢门、窗严重变形锈蚀，玻璃、五金、纱窗残缺，油漆剥落见底。

（2）外抹灰：严重空鼓、裂缝、剥落，墙面渗水，勾缝砂浆严重松酥脱落。

（3）内抹灰：严重空鼓、裂缝、剥落。

（4）顶棚：严重变形下垂，木筋弯曲翘裂、腐朽、蛀蚀，面层严重破损，压条脱落，油漆见底。

（5）细木装修：木质腐朽、蛀蚀、破裂，油漆老化见底。

3）设备部分

（1）水卫：下水道严重堵塞、锈蚀、漏水，卫生器具零件严重损坏、残缺。

（2）电照：设备陈旧残缺，电线普遍老化、零乱，照明装置残缺不齐，绝缘不符合安全用电要求。

（3）暖气：设备、管道锈蚀严重，零件损坏、残缺不齐，跑、冒、滴现象严重，基本上已无法使用。

（4）特种设备：严重损坏，已无法使用。

5. 危险房屋

危险房屋是指结构已严重损坏或承重构件已属危险构件，随时有可能丧失结构稳定和承载能力，不能保证居住和使用安全的房屋。

另外，还有有关房屋新旧程度（成新率）的判定标准，即十、九、八成新的属于完好房屋；七、六成新的属于基本完好房屋；五、四成新的属于一般损坏房屋；三成以下新的属于严重损坏房屋及危险房屋。

4.2.4 折旧状况

房屋折旧是由于物理因素、功能因素或经济因素所造成的物业价值损耗。房屋折旧是逐步回收房屋投资的形式，即房屋的折旧费。折旧费是指房屋建造价值的平均损耗。房屋在长期的使用中，虽然保留原有的实物形态，但由于自然损耗和人为的损耗，它的价值也会逐渐减少。这部分因损耗而减少的价值，以货币形态来表现，就是折旧费。确定折旧费的依据是建筑造价、残值、清理费用和折旧年限。

一般来说，房屋折旧包括三种类型，即物质折旧、功能折旧和经济折旧。

1. 物质折旧

物质折旧又称物质磨损、有形损耗，是建筑物在实体方面的损耗所造成的价值损失。进一步可以归纳为四个方面：

1）自然经过的老朽

自然经过的老朽主要是由于自然力的作用引起的，例如，风吹、日晒、雨淋等引起的建筑物腐朽、生锈、老化、风化、基础沉降等，与建筑物的实际经过年数（是建筑物从建成之日到估价时的日历年数）正相关，同时要看建筑物所在地区的气候和环境条件，例如，酸雨多的地区，建筑物的损耗就大。

2）正常使用的磨损

正常使用的磨损主要是由于人工使用引起的，与建筑物的使用性质、使用强度和使用年数正相关。例如，居住用途的建筑物的磨损要低于工业用途的建筑物的磨损。工业用途的建筑物又可分为有腐蚀性的和无腐蚀性的，有腐蚀性（例如，使用过程中产生对建筑物有腐蚀作用的废气、废液）的建筑物的磨损要高于无腐蚀性的建筑物的磨损。

3）意外的破坏损毁

意外的破坏损毁主要是因突发性的天灾引起的，包括自然方面的：例如，地震、水灾、风灾等自然因素的破坏、损毁；人为方面的：失火、碰撞等意外的破坏损毁。

4）延迟维修的损坏残存

延迟维修的损坏残存主要是由于没有适时地采取预防、保养措施或修理不够及时，造成不应有的损坏或提前损坏，或已有的损坏仍然存在，例如，门窗有破损，墙或地面有裂缝或洞等。

2. 功能折旧

功能折旧又称精神磨损、无形损耗，是指建筑物成本效用的相对损失所引起的价值损失，它包括由于消费观念变更、设计更新、技术进步等原因导致建筑物在功能方面的相对残缺、落后或不适用所造成的价值损失；也包括建筑物功能过度充足所造成的失效成本。例如，建筑式样过时，内部布局过时，设备陈旧落后，缺乏现在人们认为的必要设施、设备等。现在的住宅设计趋势是追求“三大、一小、一多”的模式，即客厅、厨房和卫生间较大，卧室较小，壁橱较多。这种设计理念的目的是提高居住舒适度和满足现代家庭的生活需求。相比之下，过去建造的卧室大、客厅小、厨房小、卫生间小的住宅，已经相对过时。这种设计模式不仅不符合现代人的生活方式和需求，而且可能影响居住的舒适度和健康。例如，现在的高档办公楼越来越注重智能化，如果某个办公楼没有实现智能化或者智能化程度不够，相对于其他智能化程度更高的办公楼而言，它就会显得落后。

3. 经济折旧

经济折旧，又称外部性折旧，是指由建筑物以外的各种不利因素所造成的价值损失，包括供给过量、需求不足、自然环境恶化、环境污染、交通拥挤、城市规划改变以及政府政策变化等。例如，一座工厂在高级居住区附近建成，导致该居住区的房地产价值下降，这就是一种经济折旧。这种折旧通常是不可恢复的。再比如，经济不景气、高税率和高失业率等原因导致房地产价值降低，这也是一种经济折旧。然而，这种现象不会永久持续，当经济复苏时，这方面的折旧就会消失。

4.3　建筑材料

建筑材料是建造和装饰建筑物所使用的各种材料的统称，是建筑工程的物质基础。建筑物从主体结构到每一个细部构件，都是由各种建筑材料经过一定的设计和施工组合而成。因此，建筑材料的质量、外观等直接影响到建筑物的质量、耐久性、档次、艺术性和造价。

建筑材料的种类繁多，可以根据不同的标准对其进行分类。根据建筑材料的来源，可以分为天然材料和人造材料。按照建筑材料的化学成分，可以将其划分为有机材料、无机材料和复合材料等。其中，无机材料又可分为金属材料和非金属材料。有机材料主要指木材、沥青、塑料、涂料和油漆。复合材料主要指金属与非金属复合（例如，钢筋混凝土、钢纤维混凝土）。还有有机与无机复合材料（例如，玻璃钢、沥青混凝土、聚合物混凝土等）。金属材料包括黑色金属材料（例如，钢、铁等）和有色金属材料（例如，铝、铜、合金等）。非金属材料包括天然石材（例如，大理石、花岗石）、陶瓷和玻璃（例如，砖、瓦、卫生陶瓷、玻璃）、无机胶凝材料（例如，石灰、石膏、水玻璃）和砂浆与混凝土。

按建筑材料用途可以分为结构材料、防水材料、饰面材料、吸声材料、绝热材料和卫生工程材料。其中结构材料主要有砖砂、石材、砌块、钢材、水泥；防水材料主要有沥青、塑料、橡胶、金属、聚乙烯胶泥；饰面材料主要有墙面砖、石材、彩钢板、彩色混凝土；吸声材料主要有多孔石膏板、塑料吸声板、木质吸声板；绝热材料主要有膨胀珍珠岩、塑料、橡胶、泡沫混凝土；卫生工程材料主要有金属管道、塑料、陶瓷。

建筑物是由各种建筑材料建造而成的，不同部位的建筑材料需要发挥不同的作用，并具备相应的性质。例如，用作结构的材料需要承受各种外力的作用，因此应具备一定的力学性能。屋面防水材料和地下防潮材料应具有良好的耐水性和抗渗性。内墙材料应具有保温、隔热以及吸声、隔声的性能。外墙和屋面材料应能经受长期风吹、日晒、雨淋和冰冻的破坏作用。在受酸、碱、盐类物质腐蚀的部位，材料还应具有较高的化学稳定性等。这些材料性能的可靠性和稳定性对建筑物的质量和性能也有重要影响。

1. 建筑材料的物理性能

建筑材料的物理性能可分为与质量有关的性能、与水有关的性能和与温度有关的性能。材料的密度是指材料在绝对密实状态下单位体积的质量，与材料在绝对密实状态下的单位体积之比。材料在绝对密实状态下的体积是指不包括材料内部孔隙的体积，即材料在自然状态下的体积减去材料内部孔隙的体积。

（1）表观密度：材料的表观密度是指材料在自然状态下单位体积的质量，即材料的质量与材料在自然状态下的体积之比。计算表观密度时，如果只包括材料内部孔隙而不包括孔隙内的水分，则称为干表观密度；如果既包括材料内部孔隙又包括孔隙内的水分，则称为湿表观密度。

（2）密实度：材料的密实度是指材料在绝对密实状态下的体积与在自然状态下的体积之比。凡是内部有孔隙的材料，其密实度都小于 1。材料的密实度反映固体材料中固体物质的充实程度，密实度的大小与其强度、耐水性和导热性等很多性质有关。密实度又等于密度与表观密度之比。材料的密度与表观密度越接近，材料就越密实。

（3）孔隙率：材料的孔隙率是指材料内部孔隙的体积占材料在自然状态下的体积的比例。材料的孔隙率和密实度是从两个不同的角度来说明材料的同一性能。材料内部孔隙的构造可分为开口孔隙（与外界相通）和封闭孔隙（与外界隔绝）。材料的许多重要性能与其孔隙率大小和内部孔隙构造有密切关系。

（4）吸水性：材料的吸水性是指材料在接触水时能够吸收水分的能力，可用材料的吸水率来反映。材料的吸水率与其孔隙率正相关。

（5）吸湿性：材料的吸湿性是指材料在潮湿的空气中吸收水蒸气的能力，可用材料的含水率来反映。材料可从湿润的空气中吸收水分，也可向干燥的空气中扩散水分，最终使自身的含水率与周围空气湿度持平。

（6）耐水性：材料的耐水性是指材料在接触水或在潮湿环境中时，能保持其原有物理、化学性能和外观质量的能力。

（7）抗渗性。材料的抗渗性是指材料的不透水性，或材料抵抗压力水渗透的能力。

（8）抗冻性。材料的抗冻性是指材料在多次冻融循环作用下不破坏，强度也不显著降低的性能。

（9）导热性：材料的导热性是指热量由材料的一面传至另一面的性能。

（10）热容量：材料的热容量是指材料受热时吸收热量，冷却时释放热量的性能。

2. 建筑材料的力学性能

建筑材料的力学性能是指建筑材料在各种外力作用下抵抗破坏或变形的能力，包括强度、弹性、塑性、脆性、韧性、硬度和耐磨性。

（1）强度：材料的强度是指材料在外力作用下抵抗破坏的能力。材料在建筑物上所受的外力主要有拉力、压力、弯曲及剪力。材料抵抗这些外力破坏的能力分别称为抗拉、抗压、抗弯和抗剪强度。

（2）弹性与塑性：材料的弹性是指材料在外力作用下产生变形，外力去掉后变形能完全消失的性能。材料的这种可恢复的变形，称为弹性变形。材料的塑性是指材料在外力作用下产生变形，外力去掉后变形不能完全恢复，但也不即行破坏的性能。材料的这种不可恢复的残留变形，称为塑性变形。

（3）脆性与韧性：材料的脆性是指材料在外力作用下未发生显著变形就突然破坏的性能。脆性材料的抗压强度远大于其抗拉强度，所以脆性材料只适用于受压构件。建筑材料中大部分无机非金属材料为脆性材料，例如，天然石材、陶瓷、砖、玻璃、普通混凝土等。材料的韧性是指材料在冲击或振动荷载作用下产生较大变形尚不致破坏的能力，例如，钢材、木材等。

（4）硬度和耐磨性：材料的硬度是指材料表面抵抗硬物压入或划刻的能力。材料的耐磨性是指材料表面抵抗磨损的能力。材料的耐磨性与材料的组成成分、结构、强度、硬度等有关。材料的硬度越大，耐磨性越好。

3. 建筑材料的耐久性

材料的耐久性是指材料在使用过程中能够经受各种常规破坏因素的作用而保持其原有性能的能力。建筑物使用过程中，材料会长期受到来自使用方面的破坏因素和来自环境方面的破坏因素的作用。这些破坏因素包括摩擦、载荷、废气、废液等机械作用，以及阳光紫外线照射、空气和雨水侵蚀、气温变化、干湿交换、冻融循环、虫菌寄生等物理、化学和生物作用。这些因素单独或交互地作用于材料，使材料逐渐变质、损毁而失去使用功能。

不同材料的耐久性不同，影响其耐久性的因素也不同。例如，钢材易氧化锈蚀，木材易虫蛀腐烂，塑料易老化变形，石材易风化，涂料易褪色、脱落。采用耐久性好的材料虽然可能会增加成本、提高价格，但由于材料的使用寿命长，建筑物的使用寿命也会相应延长，并且会降低使用过程中的维修保养费用，最终会提高综合经济效益。

4.3.1　主要建筑材料

在民用建筑中，常用的建筑材料可以分为常用非金属和金属建筑材料。这些材料的性能和质量状况对于整个建筑物的性能和质量状况有着决定性的影响。因此，验房师需要了解这些建筑材料的性能和质量状况，以便对建筑物的整体质量进行评价。

1. 常用非金属建筑材料

常用的非金属建筑材料包括水泥、混凝土、木材、天然石材和烧土制品。

1）水泥

水泥是一种粉状水硬性无机胶凝材料。加水搅拌后成浆体，能在空气中硬化或者在水中更好地硬化，并能把砂、石等材料牢固地胶结在一起。水泥是重要的建筑材料，用水泥制成的砂浆或混凝土，坚固耐久，广泛应用于土木建筑、水利、国防等工程。

水泥按用途及性能一般分为通用水泥、专用水泥和特性水泥。其中通用水泥指一般土木建筑工程通常采用的水泥，包括《通用硅酸盐水泥》GB 175—2007 规定的六大类水泥，即硅酸盐水泥、普通硅酸盐水泥、矿渣硅酸盐水泥、火山灰质硅酸盐水泥、粉煤灰硅酸盐水泥和复合硅酸盐水泥。专用水泥指专门用途的水泥，例如，G 级油井水泥、道路硅酸盐水泥。特性水泥指某种性能比较突出的水泥，例如，快硬硅酸盐水泥、低热矿渣硅酸盐水泥、膨胀硫铝酸盐水泥。

衡量水泥性能及质量的指标主要有：

（1）相对密度与密度：普通水泥比重为 3.1，密度通常采用 1300kg/m^3。

（2）细度：指水泥颗粒的粗细程度。颗粒越细，硬化得越快，早期强度也越高。

（3）凝结时间：水泥加水搅拌到开始凝结所需的时间称初凝时间。从加水搅拌到凝结完成所需的时间称终凝时间。硅酸盐水泥初凝时间不早于 45min，终凝时间不迟于 6.5h。实际上初凝时间在 1～3h，而终凝为 4～6h。水泥凝结时间的测定由专门凝结时间测定仪进行。

（4）强度：水泥强度应符合国家标准。

（5）体积安定性：指水泥在硬化过程中体积变化的均匀性能。水泥中含杂质较多，会产生不均匀变形。

（6）水化热：水泥与水作用会产生放热反应，在水泥硬化过程中，不断放出的热量称为水化热。

（7）标准稠度：指水泥净浆对标准试杆的沉入具有一定阻力时的稠度。

2）混凝土

“混凝土”也称为“砼”。由胶结材料、骨料和水（或不加水）按适当比例配合，拌合制成具有一定可塑性的混合物，经一定时间后硬化而成的人造石材称为混凝土。其中的胶结材料可以是水泥、石灰和石膏等无机胶凝材料，也可以是沥青，树脂等有机胶凝材料。工程中最常用的混凝土是由水泥（胶结材料）、水、砂、石（粗、细骨料）为基本材料组成的混凝土。

混凝土按照在工程中的用途或使用部位，可分为结构混凝土、防水混凝土、耐热混凝土、装饰混凝土、大体积混凝土等。

混凝土生产（搅拌）方式可分为预拌混凝土（又称为商品混凝土）和现场搅拌混凝土。预拌混凝土是在搅拌站集中搅拌，用专门的混凝土运输车运送到工地进行浇筑的混凝土。因搅拌站专业性强，原材料波动性小，称量准确度高，所以混凝土的质量波动性小，故预拌混凝土（商品混凝土）被广泛使用。现场搅拌混凝土是将原材料直接运送到施工现场，在施工现场搅拌，拌合后直接浇筑，也因此现场搅拌混凝土存在质量不稳定等因素，导致现场搅拌混凝土逐渐被预拌混凝土（商品混凝土）取代。

3）木材

木材按树种进行分类，一般分为针叶树材和阔叶树材。针叶树材如红松、落叶松、云杉、冷杉、杉木、柏木等。针叶树材往往密度较小，材质较松软，通常称为软材（softwood），主要供建筑、桥梁、家具、造船、电柱、坑木、桩木等用途。阔叶树材如桦木、水曲柳、栎木、榉木、椴木、樟木、柚木、紫檀、酸枝、乌木等，种类比针叶树材多得多。大多数阔叶树材密度较大，材质较坚硬，因此俗称硬材（hardwood），用途如家具、室内装修、车辆、造船等。与针叶树材相比，阔叶树材更多地被用于家具和室内装修。

在木材商品流通过程中，木材要按材质进行分类，可将针叶树和阔叶树加工用原木分为一、二、三等材；其锯材分为特等锯材、普通锯材（普通锯材又分为一、二、三等材）。

所有的木材产品按用途进行分类，可以分为原条、原木、锯材和各种人造板四大类。

（1）原条：系指树木伐倒后经去皮、削枝、割掉梢尖，但尚未按一定尺寸规格造材的木料，它包括杉原条、桅杆、电线杆等。

（2）原木：指树木伐倒后已经削枝、割梢并按一定尺寸加工成规定径级和长度的木料。

（3）锯材：指已经锯解成材的木料，凡宽度为厚度 2 倍以上的称为板材，不足 2 倍的称为方材。

（4）木质人造板：经过木材机械加工的人造板如胶合板、纤维板、刨花板等。

4）天然石材

天然石材是采自地壳的天然岩石，经切割、破碎等物理加工得到的建筑材料。天然石材质地坚硬、抗压强度高、外观朴实、性能稳定、经久耐用。古埃及的金字塔、希腊雅典卫城的神庙、欧洲的许多教堂、皇家建筑以及我国的赵州桥等，都是用天然石材建造的。由于天然石材具有优良的耐久性，这些建筑物、结构物得以长久地保存下来，成为现代人类宝贵的历史文化遗产。但是，天然石材自重大、性脆、加工和建造费时费力，随着现代建筑向高层、大跨结构发展和建设速度加快，天然石材的使用量逐渐减少，而代之以钢材和混凝土。然而，石材古朴、高雅的材质和经久耐用的性能，使人们仍然对石材有一种依恋的感情。现代建筑物中除了少数必要的部位仍然继续使用石材作为结构材料外，通常将石材加工成薄片状的贴面材料，用于建筑物墙体和地面的表面装饰，满足人们对建筑物美观的追求。此外，大量天然岩石经过破碎，用作混凝土的骨料。

建筑上常用的天然石材有花岗石、石灰石和大理石。其中花岗石属于岩浆岩，是由石英、长石和少量的云母等矿物构成的，结构致密、孔隙率小、吸水率低、材质坚硬、耐久性好，在建筑物中常用作承重的结构材料和外墙饰面材料。石灰石属于沉积岩，其主要成分是碳酸钙。但因其形成的条件与密实程度有很大差别，因此孔隙率和孔隙特征的变化也很大。结构比较疏松的石灰石常用作生产石灰和水泥的原材料，较坚硬的石灰石在建筑上大量用作混凝土的骨料，还可加工成块体材料，用来砌筑基础、墙体、路面、挡土墙等，非常致密的石灰石经研磨抛光可做饰面材料。常用作饰面材料的大理石属于变质岩，结构紧密、细腻、抗压强度高但硬度不高、容易锯解、经雕琢和磨光等加工，可得到不同色彩、各色纹理的板材，具有极佳的装饰效果。大理石的主要化学成分也是碳酸钙，能抵抗碱的作用，但不耐酸。在大气污染比较严重的城市，空气中含有较多的 SO_2，遇水后生成亚硫酸、硫酸，而与岩石中的碳酸盐作用，生成易溶于水的石膏，使表面失去光泽，变得粗糙、麻面，从而降低其装饰效果，所以大理石板材适用于室内饰面而不适用于城市建筑的外装修材料。而花岗石板材结构非常致密，且耐酸性好，不易风化，适用于建筑物外部的饰面材料。

5）砖

砖种类颇多，按其制造工艺区分有烧结普通砖（简称烧结砖）、蒸养（压）砖、碳化砖；按原料区分有黏土砖、硅酸盐砖；按孔洞率分有实心砖和空心砖等。

烧结砖是过去一般工程中用量最多的砖，但随着国家对于环境保护和绿色施工的要求，烧结砖逐渐被蒸养（压）砖所取代。烧结砖主要是用黏土质材料，如黏土、页岩、煤矸石、粉煤灰为原料，经过坯料调制，用挤出或压制工艺制坯、干燥，再经焙烧而成的实心或空洞率不大于 15%的砖为烧结普通砖。国家标准为《烧结普通砖》GB/T 5101—2017。其标准尺寸为 240mm × 115mm × 53mm。各部位名称是：

a. 大面——承受压力的面称为大面，尺寸为 240mm × 115mm；

b. 条面——垂直于大面的较长侧面称为条面，尺寸为 240mm × 53mm；

c. 顶面——垂直于大面的较短侧面称为顶面，尺寸为 115mm × 53mm。

烧结砖按主要原料分为黏土砖（N）、页岩砖（Y）、煤矸石砖（M）和粉煤灰砖（F）、建筑渣土砖（Z）、淤泥砖（U）、污泥砖（W）、固体废弃物砖（G）。根据抗压强度分为 MU30、MU25、MU20、MU15、MU10 五个等级。每批烧结砖出厂均应做尺寸偏差、外观质量、强度等级、抗风化性能、泛霜和石灰爆裂、欠火砖、酥砖和螺旋纹砖、放射性核素限量等性能检查，各项检查均合格方可出厂。烧结砖出厂还应有产品质量合格证书，主要包含：生产厂名、产品标记、批量及编号、证书编号、本批产品实测技术性能和生产日期等，并由检验员和承检单位签章。

蒸养（压）砖属于硅酸盐制品，是以石灰和含硅原料，例如，砂、粉煤灰、炉渣、煤矸石，加水拌合，经成型、蒸养（压）而制成。目前使用的主要是灰砂砖、粉煤灰砖和炉渣砖。

砌块建筑可以减轻建筑墙体自重，改善建筑功能，降低造价，目前使用的主要有粉煤灰砌块、中型空心砌块、混凝土小型空心砌块、蒸压加气混凝土砌块等。

2. 常用金属建筑材料

常用的建筑金属材料主要是建筑钢材和铝合金。建筑钢材又可分为钢结构用钢、钢筋混凝土结构用钢和建筑装饰用钢材制品。

1）钢结构用钢

钢结构用钢主要是热轧底形的钢板和型钢等。薄壁轻型钢结构中主要采用薄壁型钢、圆钢和小角钢。钢材所用的母材主要是普通碳素结构钢及低合金高强度结构钢。

钢结构常用的热轧型钢有工字钢、H 型钢、T 型钢、槽钢、等边角钢、不等边角钢等。冷弯薄壁型钢包括结构用冷弯空心型钢和通用冷弯开口型钢。

钢板材包括钢板、花纹钢板、建筑用压型钢板和彩色涂层钢板等。钢板是矩形平板状的钢材，可直接轧制而成或由宽钢带剪切而成，按轧制方式分为热轧钢板和冷轧钢板。钢板规格表示方法为宽度 × 厚度 × 长度（单位为 mm）。钢板分厚板（厚度 > 4mm）和薄板（厚度 ≤ 4mm）两种。厚板主要用于结构，薄板主要用于屋面板、楼板和墙板等。

2）钢筋混凝土结构用钢

钢筋混凝土结构用钢主要品种有热轧钢筋、预应力混凝土用热处理钢筋、预应力混凝土用钢丝和钢绞线等。

热轧钢筋是建筑工程中用量最大的钢材品种之一，主要用于钢筋混凝土结构和预应力钢筋混凝土结构的配筋。从外形可分为光圆钢筋和带肋钢筋。与光圆钢筋相比，带肋钢筋与混凝土之间的握裹力大，共同工作性能较好。

3）建筑装饰用钢材制品

现代建筑装饰工程中，钢材制品得到广泛应用。常用的主要有不锈钢钢板和钢管，彩色不锈钢板、彩色涂层钢板和彩色涂层压型钢板，以及镀锌钢卷帘门板及轻钢龙骨等。

不锈钢及其制品是指含铬量在 10.5%以上的铁基合金钢。由于铬的性质比铁活泼，铬首先与环境中的氧化物生成一层与钢材基体牢固结合的致密氧化膜层，称为纯化膜，保护钢材不致锈蚀。铬的含量越高，钢的抗腐蚀性越好。

彩色涂层钢板：彩色涂层钢板是在冷轧镀锌薄板表面喷涂烘烤了不同色彩或花纹的涂层。这种板材表面色彩新颖、附着力强、抗锈蚀性和装饰性好，并且可进行剪切，弯曲、钻孔、铆接、卷边等加工。

彩色涂层钢板面热、耐低温性能好，耐污染、易清洗，防水性、耐久性强。可用做建筑外墙板、屋面板、护壁板、拱复系统等。

彩色压型钢板：彩色压型钢板是以镀锌钢板为基材，经轧辊压制成 V 形、梯形或者水波纹等形状，表面再涂敷各种耐腐蚀涂料，或喷涂彩色烤漆而制成的轻型围护结构材料。它的特点是自重轻、色彩鲜艳、耐久性强、波纹平直坚挺、安装施工方便、进度快、效率高。适用于工业与民用建筑屋面、墙面等围护结构，或用于表面装饰。

轻钢龙骨是以镀锌钢带或薄钢板由特制轧机经多道工艺轧制而成，断面有 U 形、C 形、T 形和 L 形。主要用于装配各种类型的石膏板、钙塑板、吸声板等，用作室内隔墙和吊顶的龙骨支架。与木龙骨相比，具有强度高、防火、耐潮、便于施工安装等特点。

4.3.2 辅助建筑材料

辅助建筑材料是指用量相对较小，但对主要建筑材料起到辅助作用或连接、装饰作用的建筑材料。其中，有一部分辅助建筑材料与装饰材料相同。一般来说，辅助建筑材料包括建筑塑料、涂料和胶凝材料等。

1. 建筑塑料及管线材料

塑料是一种多功能材料，具备多种成型方法和卓越的加工性能。它可以轻松加工成各种形态，包括薄膜、板材和管材，尤其擅长制造复杂截面的异形板材和管材。相比之下，木材的加工工艺更加烦琐，效率低下。与木材相比，各种塑料建材具备大规模机械化生产的潜力，因此生产效率高，产量可观。此外，塑料种类繁多，只需简单改变成分或进行改性处理，就能够改善其性能。因此，通过加工塑料，可以获得各种具备特殊性能的工程材料，包括高强度轻质的结构材料、卓越刚性的建筑板材、具有出色弹性的密封材料，以及防水、隔热、隔声、抗化学侵蚀等特性的建筑材料。

现代先进的加工技术使塑料可以被加工成多种出色的装饰材料。塑料具有出色的着色能力，色彩持久稳定，无需额外的油漆，还可以通过高级印刷和压花技术来实现独特的图案和纹理。这些印刷图案能够模仿自然材料如大理石和木纹，呈现出高度逼真的效果，满足各种创意设计的需求。压花工艺能够赋予塑料表面立体感的花纹，进一步丰富了环境的美感。可以毫不夸张地说，在装饰性能方面，塑料在材料界无出其右。

然而，在考虑塑料建材时，除了这些显著的优点之外，也需注意一些潜在的缺陷。首先，老化是一个普遍关注的问题，但需要指出的是，不仅塑料材料存在老化问题，其他材料如钢铁会生锈、木材会腐烂、混凝土会开裂等也都有老化问题。通过适当的配方技术和加工技术，以及正确的维护措施，塑料建材的使用寿命可以与其他材料媲美，有些甚至更长，例如，塑料管道的使用寿命可超过铸铁管。在国外，已经有超过 40 年的实际使用经验，如塑料管道至少可使用 20～30 年，最长可达 50 年，而塑料窗户已经使用 20 多年仍然完好无损。这些事实足以说明老化问题已不再是使用塑料建材的主要障碍。

其次，塑料建材的可燃性是另一个问题。塑料具有可燃性，并在燃烧时释放大量烟雾和有害气体。但通过特殊的配方技术，如添加阻燃剂和无机填充物，可以使其满足建筑材料的防火要求，实现自熄、难燃甚至不燃的性能。

再次，塑料的耐热性相对较低，通常的热变形温度在 60～80℃，因此在某些高温应用中可能不适用，比如用于住宅热水管道。

最后，由于塑料是一种黏弹性材料，在受到应力作用下会发生蠕变。因此，在需要承受较大负荷的结构材料中，必须选择适当的材料，如玻璃纤维增强塑料等复合材料，或者使用某些高性能的工程塑料。

总的来说，管线材料包括水暖管道材料（如钢管、铜管、铝塑管、PVC 管、PPR 管等）、强电和弱电线缆（包括单股线和护套线），以及相关的附件。选择适合特定应用需求的建材时，需要仔细考虑其性能、特性和安全性。

2. 涂料

涂料是一类涂覆在物体表面并能在一定条件下形成牢固附着的连续薄膜的功能材料的总称，主要起着装饰、保护、防水等作用。早期的涂料主要以天然的油脂（例如，桐油、亚麻油）和天然树脂（例如，松香、柯巴树脂）为主要原料，被称为油漆。随着科学技术的发展，各种高分子合成树脂广泛用作涂料原料，使油漆产品的面貌发生了根本的变化。现在通常把以天然油脂、树脂为主要原料经合成树脂改性的涂料称为油漆，而以合成树脂（包括无机高分子材料）为主要赋膜物质的材料称为涂料。本篇着重介绍以合成树脂为主要原料的建筑涂料及其原材料组成、性能、成膜机理和生产工艺原理等。

1）涂料的组成

建筑涂料一般由基料（也称成膜物质）、颜料（填充料）、助剂和水（或有机溶剂）四种主要成分组成。

（1）基料主要由一种或多种高分子合成树脂（包括无机高分子材料）组成，是涂料中最重要的组分，是构成涂料的基础，决定着涂料的基本性能。基料成膜时，随着涂料中苯分子或溶剂分子的蒸发逸失，涂料中的聚合物分子或微粒相互靠近而凝聚，或是由于固化物分子与聚合物分子发生化学反应而凝聚，将颜料和填料粘结起来，形成连续涂膜，并牢固附着于被涂物的表面上。常用的基料有聚乙烯醇及其改性物、苯丙乳液、丙烯酸乳液等。有关它们的基本特性将在后面的章节中加以叙述。

（2）颜料又称着色颜料，在涂料中的主要作用是使涂膜具有一定的遮盖力和所需要的各种色彩。填充料，又称为体质颜料，其主要作用是在着色颜料使涂膜具有一定的遮盖力和色彩以后补充所需要的颜色，并对涂膜起“填充作用”，以增大涂膜厚度，此外，它们都具有提高涂膜的耐久性、耐热性和表面硬度、降低涂膜的收缩以及降低涂料成本的作用。

（3）助剂是涂料的辅助材料，一般用量很少，但能明显改善涂料性能，尤其对基料形成涂膜的过程与耐久性起着十分重要的作用。常用的助剂有以下几类：

a. 成膜助剂：成膜助剂的作用一般是降低成膜物质的玻璃化温度和最低成膜温度以及增加涂料的流动性，促进涂膜的完整性以及提高涂膜的流平性、附着力、耐洗刷等性能。成膜助剂还能减慢涂膜干燥时水分的蒸发速度，使涂膜边缘保持较长时间的湿润，有利于形成完整涂膜。

b. 湿润分散剂：湿润分散剂的作用主要是湿润分散颜料和填料颗粒，以保证得到良好的分散体，用量一般为 0.1%～0.5%。

c. 消泡剂：消泡剂的作用是降低液体的表面张力，消除在生产涂料时因搅拌合使用分散剂等产生的大量气泡。但消泡剂的用量不能太大（一般小于 0.3%），否则涂膜会出现“发花”“鱼眼”等弊病。

d. 增稠剂：增稠剂的作用是增加水相（介质相）的黏度，在涂料贮存时阻止已分散的颜料颗粒凝聚，在涂刷时防止固体颗粒很快聚集而影响涂刷性和流平性。同时，它又是一种流变助剂，起到改进涂料流变行为的作用。

e. 防腐、防霉剂：在涂料中加入防腐剂的目的是防止涂料在贮存过程中因微生物和酶的作用而变质，并防止涂料涂刷后涂膜霉变。

f. 防冻剂：防冻剂的作用是提高涂料的抗冻性。提高抗冻性的途径，一是加入某些物质，以降低水的冰点；二是使用某些离子型表面活性剂，使乳液微粒带电，以电荷的相互排斥能力抵制冰冻时产生的膨胀压力，从而提高冻融稳定性。

此外，还有增塑剂、抗老化剂、pH 值调节剂、防锈剂、难燃剂、消光剂等。水和溶剂是分散介质，主要作用在于使各种原材料分散而形成均匀的黏稠液体，同时可调整涂料的黏度，便于涂布施工，有利于改善涂膜的某些性能。涂料在成膜过程中，依靠水或溶剂的蒸发，使涂料逐渐干燥硬化，最后形成连续均质的涂膜。水或溶剂都不存留在涂膜之中，因此，有些研究者也将水或溶剂称为辅助成膜物质。

2）建筑涂料的功能

（1）装饰功能：所谓装饰功能就是建筑物经涂料涂装后达到美化和装饰的效果，起到美化环境，调节环境气氛的作用。例如，居室内采用内墙涂料装饰后可显得舒适典雅，明快舒畅，室外墙面经外墙涂料涂饰后可获得各种质感的花纹图案并起到协调环境的作用。装饰功能的要素主要包括色彩、色泽、图案、光泽、立体感。室内与室外装饰的要素基本相同，但性能要求不同。一般而言，内墙上喜欢采用比较平伏的立体花纹或色彩花纹，避免高光泽，外墙则要求富有立体感的花纹和高光泽。另外，涂料的装饰功能不是独立的，也就是说，要与建筑物墙体形状，大小、造型及图案设计相配合，才能充分发挥装饰效果。

（2）保护功能：建筑涂料经过一定的施工工艺涂施后能够在建筑物的表面形成连续的涂膜，这种涂膜具有一定的厚度、柔韧性和硬度以及具有耐磨蚀、耐污染、耐紫外光照射、耐气候变化、耐细菌侵蚀和耐化学侵蚀等特性，可以减轻或消除大气、水分、酸雨，灰尘及微生物等对建筑物的损坏作用以及使用过程中的油污等各种污染源的污染，承受一定的摩擦及外力，延长其使用年限。此外，建筑涂料还可以对一部分材料起到增强作用，并改善其材料性能。但是，不同的建筑材料及环境条件（例如，室内和室外）对保护功能的具体内容是不同的，因此要根据不同的条件选择使用涂料。

3. 胶凝材料

凡经过自身的物理、化学作用。能够由可塑性浆体变成坚硬固体，并具有胶结能力，能把粒状材料或块状材料粘结为一个整体，具有一定力学强度的物质统称为胶凝材料。胶凝材料分为有机和无机两大类。石油沥青、高分子树脂以及古代使用的糯米汁、动物血等属于有机胶凝材料。无机胶凝材料通常为粉末状，与水拌合形成可塑性浆体，经过一定时间后凝结硬化成为具有一定强度和黏结性的固体。最常用的无机胶凝材料有水泥、石灰，石膏等，根据其凝结硬化条件及适用环境，无机胶凝材料又分为气硬性和水硬性两类。所谓气硬性胶凝材料是指只能在空气中凝结硬化，并且只能在空气中保持和发展强度的胶凝材料，石灰、石膏、水玻璃等属于这一类。而水硬性胶凝材料不仅能在空气中，也能更好地在水中硬化，保持并继续发展其强度，建设工程中大量使用的各种水泥即属于水硬性胶凝材料。气硬性胶凝材料只能用于地面以上、处于干燥环境中的部位，而水硬性胶凝材料既可用于干燥环境，也可用于地下或水中环境。

4.3.3　装修材料

建筑物是科技与艺术的完美融合。其中，建筑装饰材料作为建筑材料的重要组成部分，具备强烈的视觉效果，通常通过铺设和涂装等方式应用于建筑的内外墙、柱面、地面以及顶棚等表面，以达到装饰的目的。此外，这些装饰材料还具备多种功能，如防磨损、防潮、防火、隔声、保温和隔热等。因此，采用建筑装饰材料来美化建筑物的外观不仅能够显著提升建筑的外观魅力，令人们享受到舒适和美的感受，同时也能最大程度地满足人们生理和心理层面的各种需求。此外，它们还能够保护主体结构材料，提高建筑物的耐久性。有时，甚至可以通过对老旧建筑进行内外装饰装修，赋予其现代建筑的外观和感觉。这种装饰性材料的多功能性在建筑设计和美化方面发挥着重要作用。

建筑装修材料按装饰建筑物的部位不同，可分为外墙装修材料，包括墙面、柱面，阳台、门窗套、台阶、雨篷、檐口等建筑物全部外露的外部装饰所用的材料。内墙装修材料，包括内墙面、柱面、墙裙、踢脚线、隔断、窗台、门窗套等装饰所用的材料。地面装修材料，包括地面、楼面、楼梯段与平台等的全部装饰材料。顶棚装修材料，主要指室内顶棚装饰材料。

这些装修材料通常被广泛使用在房屋装修中墙面装修、地面装修和天棚装修等方面。

1. 墙面材料

墙面装饰材料主要包括涂料、壁纸和瓷砖。

（1）涂料：主要用于室内墙面（包含地下室和车库墙面）、室外墙面（包含阳台和露台）装饰。涂料可以提供各种颜色和纹理效果，增强室内美观性；为墙面形成保护层，防止墙面受到物理和化学侵蚀，提高墙面的耐久性，延长涂料的使用寿命；特定涂料具有防潮防霉特性，适用于潮湿环境，例如，卫生间、地下室常用的防潮涂料。

（2）壁纸：壁纸也称墙纸，是用胶粘剂将其裱糊于墙面或顶棚表面的材料，以成片或成卷方式供应。根据壁纸基体材料的性质，有纸基壁纸、乙烯基壁纸、织物壁纸、无机质壁纸和特殊壁纸五大类。其中乙烯基壁纸用量最大，其耐水性好、易清洗，但防火性差，不透气。近年来，壁纸的生产技术迅速发展，花色品种繁多，使房间具有高雅、豪华的感觉。

（3）瓷砖：瓷砖的花色品种多，主要用于厨房、卫生间的墙面，其质地坚硬、耐水、耐污染、易清洗。瓷砖按照材质划分，可分为陶瓷砖、半瓷砖和全瓷砖。瓷砖的缺点是施工效率较低、容易脱落。

2. 地面材料

地面材料主要有实木及竹质地板、复合地板、塑料地板、陶瓷地砖、石材和地毯。

（1）实木及竹质地板：实木地板是采用天然木材经烘干、烤漆等工序加工而成的铺地板材，其品种很多，例如，紫檀、黄檀、柚木、水曲柳、柞木等。

实木地板具有舒适、豪华，保温隔热性能好、污染小等优点，但受到木材资源的限制不能大量使用。竹材代替天然木材制成地板，具有抗拉强度高，有较高的硬度、抗水性、耐磨性、色彩古朴、光滑度好等特点。

（2）复合地板：常见的复合地板有多层实木复合地板和强化复合地板。与实木地板相比，复合地板价格适中、质量相对稳定、易保养、不易变形，适用于卫生间以外的所有空间，尤其适用于有地热的房间。复合地板的缺点是脚感稍差，胶粘剂挥发影响居室的空气质量。

（3）塑料地板：塑料地板的优点是色彩丰富、耐磨性、耐水性、耐腐蚀性能优异，具有一定的柔软和弹性、保温性能好、易清洗、成本低。其缺点是易燃，有些品种在燃烧时产生有毒、有害的物质，危及人的生命和健康。

（4）陶瓷地砖：陶瓷地砖具有吸水率低。强度高、耐磨性好、装饰效果逼真等特点，有釉面砖、玻化砖、陶瓷锦砖、通体砖、亚光防滑地砖等。但瓷砖地面给人以硬、脆的感觉，保温性能较差，不适用于卧室。

（5）石材：用于室内装饰的石材有天然石材和人造石材。天然石材主要是天然大理石和天然花岗石。天然大理石具有花纹品种多、色泽鲜艳、质地细腻、抗压性强、吸水率小、耐磨、不变形等特点。浅色大理石板的装饰效果庄重而清雅，深色大理石板华丽而高贵。用于室内地面、柱面、墙面的大理石板主要有云灰、白色和彩色三类。天然花岗石具有结构细密、性质坚硬、耐酸、耐腐、耐磨、吸水性小、抗压强度高、耐冻性强、耐久性好等特点。天然花岗石板广泛用于地面、墙面、柱面、墙裙、楼梯、台阶等。人造石材是人造大理石和人造花岗石的总称，具有天然石材的花纹和质感，且重量要比天然石材轻。由于其强度高、厚度薄、易粘接，故在现代室内装饰中得到广泛应用。除室内地面外，还可用于墙面，柱面、踢脚板、阳台、窗台板、服务台面等。

（6）地毯：地毯是较高级的地面材料，有纯毛地毯和各种化纤地毯。地毯隔声，防震效果较好，花色品种繁多，但不易清洗，易滋生细菌。

3. 顶棚材料

常用的吊顶面层材料主要有石膏板、PVC 板和铝合金板等。石膏板适用于无水汽的地方，如客厅、餐厅和卧室。它经济实惠，并具备良好的隔热和隔声性能。PVC 板不耐火和容易变形的特点，不适合用于高温环境，只适用于浴室或卫生间。铝合金板是理想的吊顶面层材料，适用于厨房、浴室等需要抗湿和耐高温的空间。它们具备卓越的耐用性和抗腐蚀性能，但较 PVC，价格略高。

（1）石膏板：它以石膏为主要材料，加入纤维、胶粘剂、改性剂。经混炼压制、干燥而成。具有防火、隔声、隔热、轻质、高强、收缩率小等特点，且稳定性好、不老化、防虫蛀，但耐潮性差，可用钉、锯、刨、粘等方法施工。广泛用于吊顶、隔墙、内墙、贴面板。纸面石膏板在家居装饰中常用作吊顶材料。石膏板制造时可以掺入轻质骨料、制成空心或引入泡沫，以减轻自重并降低导热性，掺入纤维材料以提高抗拉强度和减少脆性，掺入含硅矿物粉或有机防水剂以提高其耐水性，有时表面可以贴纸或铝箔增加美观和防湿性。石膏板主要用于内墙及平顶装饰、隔墙体、保温绝热层、吸声层等。

（2）PVC 板：PVC 板又称吸塑板，是用 PVC 靠真空抽压在基材表面，可以有立体造型，由于整体包覆，防水防潮性能较好，有多种颜色和纹路可选择。但表面容易划伤、磕伤，不耐高温。而且，PVC 由于在涂胶过程中胶的水分会浸入基材中，板材容易变形。

（3）铝合金板：铝合金装饰板又称为铝合金压型板或顶棚扣板，以铝、铝合金为原料，经碾压冷压加工成各种断面的金属板材，具有重量轻、强度高、刚度好、耐腐蚀、经久耐用等优良性能。板表面经阳极氧化或喷漆、喷塑处理后，可形成装饰要求的多种色彩。

4.4　城市规划

城市规划又称都市计划或都市规划，是指对城市的空间和实体发展进行的预先考虑。

其对象侧重于城市的物质形态部分，涉及城市中产业的区域布局、建筑物的区域布局，道路及运输设施等市政基础设施布局。城市规划的任务是根据国家城市发展和建设方针、经济技术政策、国民经济和社会发展长远计划、区域规划，以及城市所在地区的自然条件、历史情况、现状特点和建设条件，布置城市体系，确定城市性质、规模和布局，统一规划、合理利用城市土地，综合部署城市经济、文化、基础设施等各项建设，保证城市有秩序、协调地发展，使城市的发展建设获得良好的经济效益、社会效益和环境效益。

与住房有关的城市规划主要有控制性详细规划和修建性详细规划两种。

控制性详细规划以城市总体规划或分区规划为依据，确定建设地区的土地使用性质和使用强度的控制指标、道路和工程管线控制性位置以及空间环境控制的规划要求。根据《城市规划编制办法》第二十二条至第二十四条的规定，根据城市规划的深化和管理的需要，一般应当编制控制性详细规划，以控制建设用地性质，使用强度和空间环境，作为城市规划管理的依据，并指导修建性详细规划的编制。它主要包括六个方面内容：

（1）详细规定所规划范围内各类不同使用性质用地的界线，规定各类用地内适建、不适建或者有条件地允许建设的建筑类型。

（2）规定各地块建筑高度、建筑密度、容积率、绿地率等控制指标，规定交通出入口方位、停车泊位、建筑后退红线距离、建筑间距等要求。

（3）提出各地块的建筑位置、体型、色彩等要求。

（4）确定各级支路的红线位置、控制点坐标和标高。

（5）根据规划容量，确定工程管线的走向、管径和工程设施的用地界线。

（6）制定相应的土地使用与建筑管理规定。

修建性详细规划是以城市总体规划、分区规划或控制性详细规划为依据，用以指导各项建筑和工程设施的设计和施工的规划设计。修建性详细规划的文件和图纸包括修建性详细规划设计说明书、规划地区现状图、规划总平面图、各项专业规划图、竖向规划图、反映规划设计意图的透视图等。它的主要内容有建设条件分析及综合技术经济论证，做出建筑、道路和绿地等的空间布局和景观规划设计，布置总平面图，道路交通规划设计，绿地系统规划设计，工程管线规划设计，竖向规划设计，估算工程量、拆迁量和总造价，分析投资效益。

4.4.1 用地规划

土地利用类型是根据土地利用的地域差异划分的，是反映土地用途、性质及其分布规律的基本地域单位，是人类在改造利用土地进行生产和建设的过程中所形成的各种具有不同利用方向和特点的土地利用类别。

1. 土地利用类型特点

土地利用类型反映了土地的经济状态，是土地利用分类的地域单元。通常具有以下特点：

（1）是一定的自然、社会经济、技术等各种因素综合作用的产物。

（2）在空间分布上具有一定的地域分布规律，但不一定连片且可重复出现，同一类型必然具有相似的特点。

（3）不是一成不变的，随着社会经济条件的改善和科学技术水平的提高或受自然灾害和人为的破坏而呈动态变化。

（4）是根据土地利用现状的地域差异划分的，反映土地利用方式、性质、特点及其分布的基本地域单元，具有明显的地域性。

2. 土地利用类型分类

目前，我国土地利用现状分类采用一级、二级两个层次的分类体系，共分 12 个一级类、73 个二级类。12 个一级类主要有耕地、园地、林地、草地、商服用地、工矿仓储用地、住宅用地、公共管理与公共服务用地、特殊用地、交通运输用地、水域及水利设施用地、其他用地。

（1）耕地：指种植农作物的土地，包括熟地，新开发、复垦、整理地，休闲地（含轮歇地、休耕地）；以种植农作物（含蔬菜）为主，间有零星果树、桑树或其他树木的土地；平均每年能保证收获一季的已垦滩地和海涂。耕地中包括南方宽度 < 1.0m，北方宽度 < 2.0m 固定的沟、渠、路和地坎（埂）；临时种植药材、草皮、花卉、苗木等的耕地，临时种植果树、茶树和林木且耕作层未破坏的耕地，以及其他临时改变用途的耕地。

（2）园地：指种植以采集果、叶、根、茎、汁等为主的集约经营的多年生木本和草本作物，覆盖度大于 50%或每亩株数大于合理株数 70%的土地，包括用于育苗的土地。

（3）林地：指生长乔木、竹类、灌木的土地，及沿海生长红树林的土地，包括迹地，不包括城镇、村庄范围内的绿化林木用地，铁路、公路征地范围内的林木，以及河流、沟渠的护堤林。

（4）草地：指生长草本植物为主的土地。

（5）商服用地：指主要用于商业、服务业的土地。

（6）工矿仓储用地：指主要用于工业生产、物资存放场所的土地。

（7）住宅用地：指主要用于人们生活居住的房基地及其附属设施的土地。

（8）公共管理与公共服务用地：指用于机关团体、新闻出版、科教文卫、公用设施等的土地。

（9）特殊用地：指用于军事设施、涉外、宗教、监教、殡葬、风景名胜等的土地。

（10）交通运输用地：指用于运输通行的地面线路、场站等的土地，包括民用机场、汽车客货运场站、港口、码头、地面运输管道和各种道路以及轨道交通用地。

（11）水域及水利设施用地：指陆地水域，滩涂、沟渠、沼泽、水工建筑物等用地。不包括滞洪区和已垦滩涂中的耕地、园地、林地、城镇、村庄、道路等用地。

（12）其他用地：指上述地类以外的其他类型的土地。

4.4.2　居住区规划

居住区是城市居住区的简称，指城市中住宅建筑相对集中布局的地区。居住区按照居民在合理的步行距离内满足基本生活需求的原则，可分为十五分钟生活圈居住区、十分钟生活圈居住区、五分钟生活圈居住区及居住街坊四级。应根据其分级控制规模，对应规划建设配套设施和公共绿地。

配套设施主要包括基层公共管理与公共服务设施、商业服务业设施、市政公用设施、交通场站及社区服务设施、便民服务设施。

公共绿地为居住区配套建设、可供居民游憩或开展体育活动的公园绿地。

居住区的路网系统与城市道路交通系统有机衔接，居住区内的步行系统连续、安全、符合无障碍要求，并能便捷连接公共交通站点，同时还需满足消防、救护、搬家等车辆通达要求。

4.5 房屋环境

环境是人们最熟悉、最常用的词汇之一，例如，人们经常讲自然环境、生存环境、居住环境、生活环境、学习环境、工作环境、投资环境等。景观的含义与“风景”“景致”“景色”相近，是描述自然、人文以及它们共同构成的整体景象的一个总称，包括自然和人为作用的任何地表形态及其印象。具体地说，景观是指由某一特定点透视时，出现在视野地表的一部分和相应天空的一部分，以及给予人的全体印象，即放眼所捕获的景色及印象。

4.5.1 环境

环境既包括以大气、水、土壤、岩石、生物等为内容的物质因素，也包括以观念、制度、行为准则等为内容的非物质因素，既包括自然因素，也包括社会因素，既包括非生命体形式，也包括生命体形式。根据需要，可以对环境进行不同的分类。通常按照环境的属性，将环境分为自然环境、人工环境、社会环境和室内环境。

1. 自然环境

自然环境通俗地说是指未经过人为的加工改造而天然存在的环境，从学术上讲，是指直接或间接影响到人类的一切自然形成的物质、能量和自然现象的总体。自然环境按照环境要素，又可以分为大气环境、水环境、土壤环境、地质环境和生物环境等，主要就是指地球的五大圈——大气圈、水圈、土圈、岩石圈和生物圈。

2. 人工环境

人工环境通俗地说是指在自然环境的基础上经过人的加工改造所形成的环境，或人为创造的环境，从学术上讲，是指人类利用自然、改造自然所创造的物质环境，例如，乡村、城市、居住区、房屋、道路、绿地、建筑物等。人工环境与自然环境的区别，主要在于人工环境对自然物质的形态作了较大的改变，使其失去了原有的面貌。

3. 社会环境

社会环境是指由人与人之间的各种社会关系所形成的环境，包括政治制度、经济体制、文化传统、社会治安、邻里关系等。对于选购某套住宅的人来说，周边居民的文化素养、收入水平、职业、社会地位等，都是其社会环境。

4. 室内环境

室内环境通常包括对房屋内部的物理条件和感官体验，如温度、湿度、光照、空气质量、声音以及空间布局等。这些因素共同构成了室内环境的整体氛围，影响着居住者的日常生活和健康。《民用建筑工程室内环境污染控制标准》GB 50325—2020 规定：民用建筑工程竣工验收时，必须进行室内环境污染物浓度检测。

室内环境检测是一个更为科学和系统的过程，它涉及使用专业设备和方法来测量和评估室内环境污染物，污染物包含总挥发性有机化合物、氡、甲醛、氨、苯系物等污染物的浓度。

4.5.2　景观

景观一词如果按中文字面解释，包括“景”和“观”两个方面。“景”是自然环境和人工环境在客观世界所表现的一种形象信息，“观”是这种形象信息通过人的感觉（视觉、听觉等）传导到大脑皮层，产生一种实在的感受，或者产生某种联系与情感。因此，景观应包括客观形象信息和主观感受两个方面。景观的好坏判别，与审视者的心理、生理、知识层次的高低条件有关。不同的人在相同眺望空间与时间中，感受到的景观印象程度是不同的，其中还夹杂着个人的喜好、怀恋和情感。

景观可以分为自然景观和人文景观。自然景观是指未经人类活动所改变的水域、地表起伏与自然植物所构成的自然地表景象及其给予人的感受。人文景观是指被人类活动改变过的自然景观，即自然景观加上人工改造所形成的景观及印象。

有好的景观的房屋，例如，可以看到水（海、湖、江、河、水库、水渠等）、山、公园、树林、泽地、知名建筑等的房屋，其价值通常较高，反之，有坏的景观的房屋，如可以看到墓地、烟囱、厕所、垃圾站等的房屋，其价值通常较低。

4.5.3　生态

生物与其生存环境相互间有着直接或间接的作用，生态是指生物与其生存环境之间的关系，生态与环境的含义有所不同，环境是指独立存在于某一主体之外，对该主体会产生某些影响的所有客体，而生态是指生物与其生存环境之间或生物与生物之间的相对状态或相互关系。二者的侧重点也不同，环境强调客体对主体的效应，而生态则阐述客体与主体之间的关系。衡量环境往往用“好坏”之类的定性评价，而衡量生态则在一定程度上用定量指标来阐明关系是否平衡或协调。

生态系统是指在一定的时间和空间内，生物和非生物成分之间，通过物质循环、能量流动和信息传递，而相互作用、相互依存所构成的统一体。生态系统也就是生命系统与环境系统在特定空间的组合。地球表面是一个庞大的环境系统，在这个系统内，大气，水、土壤、岩石等各种环境要素与生物通过物质能量的循环、流动，进行十分复杂的作用，形成了不同等级的生态系统。这些生态系统的规模大小不等，大到整个生物圈、陆地、海洋，小到一片森林、草地、池塘。同样，城市也是一个特殊的生态系统。

生态环境不等于通常意义上的环境，可将其理解为生物的状态与环境的各种关系，是指在生态系统中除了人类种群以外，相对于生物系统的全部外界条件的总和，包含了特定空间中可以直接或间接影响生物生存和发展的各种要素，强调在生态系统边界内影响生物状态的所有环境条件的综合体。生态环境随生态系统层次边界的不同而有不同的规模范围。

人类的生态环境是一个以人类为中心的生态环境。人类具有生物属性和社会属性。人类的生物属性表现为：人类作为食物链的一个环节，参与自然界的物质循环和能量转换，具有新陈代谢的功能。人类的社会属性表现为：人类是群居的社会性的人，是在一定生产方式下干预自然界的物质循环和能量转换，通过影响生态环境间接影响人类的生存与发展。因此，人类的生态环境凝聚着自然因素和社会因素的相互作用，是自然生态环境与社会生态环境共同组成的统一体。

第 5 章

受购房者委托的验房流程

验房行业在我国还是一个新兴行业，人们对它的工作性质、内容和方式还很不了解。特别是验房程序和规则，在全国范围内还没有一个统一的标准，许多验房纠纷时有发生。因此，通过考察全国主要城市验房行业的程序和规则，经过提炼和整理，归纳出房屋实地查验的基本程序，包括如下三部分，共二十步（图 5.0.1）。

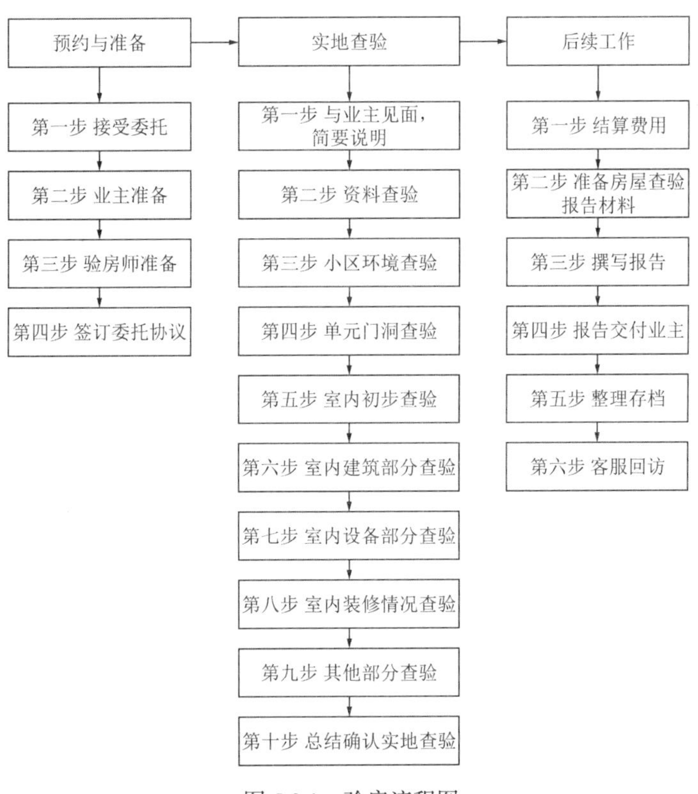

图 5.0.1　验房流程图

5.1　预约与准备

在实际查看房屋之前，验房师要跟业主进行事先联系，以确定好实地查验时间。同时，验房也应通过电话等方式对房屋性状进行大致了解，以决定查验时所需的各种资料、工具及其他所需物品。

在正式实地验房之前，验房师需要做好预约与必要的准备。

1. 接待业主与接受业主委托

预约阶段的首要任务是接受业主委托。此时，业主可以通过电话或其他方式，与验房师取得联系，约定验房时间，提供初步信息，做好验房准备。

作为验房师，在接待客户或接听客户电话时，要做到礼貌待客、诚信待人。具体来说，有如下几点需要注意的地方。

1）电话接待客户注意事项：

（1）电话铃响三声内接听。

（2）始终保持热诚、亲切、耐心的语音语调。

（3）注意说话的音量，传递出必要信息。

（4）回答问题要准确流畅。

（5）后挂电话，留下快乐的结尾。

（6）尽量留下客户电话。

（7）如代接电话，应及时反馈给相应的同事，并叮嘱其回电。

2）递送名片注意事项：

（1）忌过早递名片。

（2）忌将过脏、过时或有缺点的名片给人。

（3）忌将对方的名片放入裤兜或在手中玩弄或在其上记备忘事情。

（4）忌先于上司向客户递名片。

（5）应双手接过对方的名片；将名片递给对方时应双手，至少也是右手，且印有名字的面应朝上正对客户。

2. 业主准备

一旦与验房师确定了房屋查验的时间，业主就应该根据验房师建议，做好如下准备：

（1）提前准备好小区、房屋的通行证件、各类房屋钥匙，以避免房屋查验时有房间打不开或不能顺利进入而耽误时间。

（2）通知相关物业管理人员。有些房屋查验需要打开一些公共物业管理部位，例如，管道井、设备层等，遇到这种情况，业主最好事先与物业管理人员和验房师沟通好，在力所能及的范围内解决问题，促进验房顺利进行。

（3）业主自行准备或通知房屋销售人员、物业人员准备好相应文本资料：《住宅质量保证书》《住宅使用说明书》《建筑工程质量认定书》《房地产开发建设项目竣工综合验收合格证》《房产证》《土地证》《竣工验收备案表》《房屋销售合同》以及其他有效有用文本等。前文提到，这几项文件是确定房屋性状的重要依据，特别是涉及一些保修期之类的内容，都应在该类文件中查阅核实。另外，必要的身份证件、房屋权属证件也是更好地协助验房的必备文件。特别是房屋权属证书中，有记载面积、范围等房屋具体内容的事项，这些材料业主都需要根据房屋实地查验的需要提前准备好。

（4）如房屋涉及出售、出租、抵押等交易活动，业主还需准备好相应合同、协议书、评估证明等。由于房屋查验必然是出于某种目的，或是为了交易，或是为了更好地居住等。若是为了交易，请业主提前确认好房屋查验本身是否影响到交易，例如，出租房屋的查验最好要待租赁双方都在的时候进行等。

3. 验房师准备

在业主准备的同时，验房师也应当根据业主要求，相应做好下列准备：

（1）熟悉所验房屋的区位、周边情况、房地产情况及交通、医疗、教育、体育等设施分布情况。验房师在房屋实地查验之前，要对项目情况及各种细节一一掌握，避免出现一问三不知的尴尬。同时，在去房屋进行查验的路线安排上，应事先探明所用时间，避免迟到现象的发生。尽量要提前熟悉看房路线，避免走冤枉路。

（2）熟悉所验房屋的户型、结构、房间布局、特点等。这样，房屋实地查验就更有针对性。

（3）熟悉各种房屋交易流程、文本填写及注意事项。验房师应当是通才，一旦业主问到与房屋有关的各种内容时，验房师都应该予以回答并作出适当解释。

（4）准备好相应验房工具。

（5）准备好各类文件、文本，例如，《房屋实地查验报告》《收据》等。

（6）准备好通勤工具、线路和时间安排。

（7）做好与业主验房前的各种交流、沟通与互动。作为验房师来说，事先与业主的沟通与互动很重要。因为业主委托验房，一定是出于某种目的，这时候，验房师应当及时了解客户的目的要求，提供更有针对性的服务。

（8）准备好各种公司印章或个人印鉴，名片。

4. 签订委托协议

当业主决定验房后，应及时与业主签订委托协议。

5.2　实地查验

做好了各种准备工作，与业主约定好验房时间，按时到达验房地点，房屋实地查验就可以正式开始了。

1. 与业主见面，简要沟通

验房师与业主在指定地点见面，验房开始。由于并不是所有的业主都了解验房，并不是所有的消费者都清楚验房的局限性。因此，在正式验房开始之前，验房师有必要向业主简单介绍验房工作及房屋查验的局限性，要求业主协助完成各种验房任务，并向业主说明可能发生的各种情况，解答业主关于验房有关事情的疑问。

2.资料查验

验房师在实地验房开始前，最好先逐一检查业主携带的各种与房屋有关的文本、资料和证明文件，以确保验房活动的合法合理性。一般来说，出于保护隐私及尊重个人住房权利的需要，验房委托人应该是与房屋有权利关系的人，包括业主、物业使用人、租赁者等。因此，事先验明好相关证件，有助于验房本身的合法与合理化。

3.小区环境查验

房屋实地查验开始后，验房师首先要对房屋外部环境进行查验，包括：小区人防工程查验、消防、安防、小区绿化、小区道路交通。

4.单元门洞查验

在进行完小区环境查验之后，如果是楼房，进入房屋之前，验房师还应对房屋单元门洞进行查验，包括：电梯、门厅、楼梯、走道。

5.房屋安防查验

除单元门洞查验之外，验房师应对房屋安全防护进行查验，包括：入户门、房屋安防措施。

6.室内建筑部分查验

室内建筑部分主要查验室内墙面、地面及顶棚、厨卫间、门窗、空间尺寸。

7.室内设备部分查验

设备设施查验主要包括室内给水排水、供暖、通风空调、燃气、厨房设备、卫生间设备、电气设备等部分进行查验。

8.室内装修情况查验

房屋室内装修情况查验主要包括：地面面层（板材、块材）；墙面的装饰、隔墙安装；直接式顶棚、吊顶；细部装修、室内楼梯、阳台设施、平台、露台、壁炉、窗帘盒、软包制品等。

9.其他部分查验

验房师应在遵循基本查验范围的情况下，酌情对业主要求的除上述列表外的其他部位、设施进行查验，包括：采光、通风、隔声、节能。

10.总结确认实地查验

验房师向业主简单总结查验过程，对具体问题提出方案和措施。验房师与业主协商，结束实地查验，业主须在房屋查验表上签字确认查验结果。验房师整理好各种检测工具。

5.3 后续工作

在房屋实地查验之后，要进行房屋查验报告的撰写及费用的核算等。

1. 结算费用

业主与验房师结算有关费用，并支付剩余检测费用。

2. 准备房屋查验报告材料

验房师搜集和整理实地验房的相关资料。

3. 撰写报告

验房师填写房屋查验报告。

4. 报告交付业主

验房师将房屋查验报告交付业主，业主签字确认。

5. 整理存档

验房师将房屋查验的资料整理、存档。

6. 客服回访

验房结束后，客服人员应及时电话回访业主。综上，验房流程如表 5.3.1 所示。

验房流程表　　表 5.3.1

阶段	序号	名称	内容	备注
房屋实地查验预约与准备	1	接受委托	业主与验房人员取得联系，签订验房合同或合约，同时约定验房时间和向验房人员提供相应信息	
	2	业主准备	业主根据验房人员建议，做好如下准备： ①小区、房屋的通行证件、各类房屋钥匙； ②通知必要的物业管理人员； ③业主自行准备或通知房屋销售人员、物业人员准备相应文本资料：《住宅质量保证书》《住宅使用说明书》《建筑工程质量认定书》《房地产开发建设项目竣工综合验收合格证》《房产证》《土地证》《竣工验收备案表》《房屋销售合同》以及其他有效有用文本等； ④如房屋涉及出售、出租、抵押等交易活动，业主还需准备好相应合同、协议书、评估证明等	
	3	验房师准备	验房人员根据业主要求，相应做好下列准备： ①熟悉所验房屋的区位、周边情况、房地产情况及交通、医疗、教育、体育等设施分布情况； ②熟悉所验房屋的户型、结构等； ③熟悉各种房屋交易流程、文本填写及注意事项； ④准备好相应验房工具； ⑤准备好各类文件、文本，例如，《房屋实地查验报告》等； ⑥准备好通勤工具、线路和时间安排； ⑦做好与业主验房前的各种交流、沟通与互动； ⑧准备好各种公司印章或个人印鉴	
	4	签订委托协议	当业主决定验房后，应及时与业主签订委托协议	
	5	与业主见面，简要说明	验房人员与业主在指定地点见面，验房人员向业主简要介绍工作职责及验房范围，要求业主协助完成各种验房任务，并向业主说明可能发生的各种情况	
	6	资料查验	验房人员在实地验房开始前，先逐一检查业主携带的各种与房屋有关的文本、资料和证明文件，以确保验房活动的合法合理性	
	7	小区环境查验	验房人员对小区大环境进行查验，包括小区区位、通勤、楼间距、绿化率容积率和建筑密度等	

续表

阶段	序号	名称	内容	备注
房屋实地查验预约与准备	8	单元门厅查验	验房人员对房屋单元门厅进行查验，包括电梯、门厅、走道	
	9	室内初步查验	验房人员对房屋室内初步进行查验，包括交付标准、施工完成度等	
	10	室内建筑部分查验	验房人员对房屋室内建筑部分进行查验，包括室内墙面、地面及顶棚、厨卫间、门窗、空间尺寸	
	11	室内设备部分查验	验房人员对房屋室内给水排水、供暖、通风空调、燃气电气设备、厨房设备、卫生间设备、各类电气设备等部分进行查验	
	12	室内装修情况查验	验房人员对室内装修情况进行查验，包括： ①地面面层（板材、块材）； ②墙面的装饰、隔墙安装； ③直接式顶棚、吊顶； ④细部装修、室内楼梯、阳台设施、平台、露台、壁炉、窗帘盒、软包制品等	
	13	其他部分查验	验房人员对房屋室内装修情况进行查验，包括采光、通风、隔声、节能等	
	14	总结确认实地查验	验房人员向业主简单总结查验过程，对具体问题提出方案和措施。 验房人员与业主协商，结束实地查验，业主须在房屋查验表上签字确认查验结果。验房人员收拾好各种检测工具	
房屋实地查验后续工作	15	结算费用	业主与验房人员结算有关费用，并支付报酬	
	16	准备房屋查验报告材料	验房人员搜集和整理实地验房的相关资料	
	17	撰写报告	验房人员填写房屋查验报告	
	18	报告交付业主	验房人员将房屋查验报告交付业主，业主签字确认	
	19	整理存档	验房人员将房屋查验的资料整理、存档	
	20	客户回访	验房结束后，客服人员应及时电话回访业主	

小贴士 >>>>>>

1. 业主电话咨询验房，我们需从业主那里知道些什么

①城市	××市	②小区	×××
③房屋类型	框架—剪力墙结构	④预约时间	20××-××-××
⑤楼号	××-×××	⑥面积	136m^2
⑦业主电话	138××××××××	⑧业主姓名	×××

2. 验房什么价格，客服如何报价

答：请问你房子在哪个城市？请问您是毛坯房还是精装房，房子总面积多少？

1）毛坯验房费用标准：

100m^2 以内（含 100m^2），收费是_____元；每超出 1m^2，按_____元/m^2 计算。

2）精装验房费用标准：

100m^2 以内（含 100m^2），收费是_____元，每超出 1m^2，按_____元/m^2 计算。（注：

根据所在地区价格进行报价）

3）物业以各种理由阻止继续验房该怎么办？

答：询问业主的意见，让业主与物业交流，我们只要最后的结果。

4）你们验房开发商认可吗？

答：我们验房验出的质量问题是客观存在的，并有相关的法律法规支撑。

5）你们公司有什么资质？

答：我们公司是________________________（介绍公司资质）。

6）你们验房师有什么资质？

我们工程师，均有相关从业资格证书，如果您需要查验证书，我们可以提前让工程师携带复印件在身边。

7）毛坯、精装验房现场需要多长时间？

答：根据现场验收质量问题，时间不确定，一般情况是：

毛坯房面积 $100m^2$ 左右，1～1.5h。

精装修房面积 $100m^2$ 左右，1～2h。

根据房屋质量问题，时间可能会增加或缩短。

3. 收房后，你们再验房，开发商认可吗？

答：收房后，当然可以验房，开发商肯定也是认可的。

您在拿房的时候，应该签收了一份“房屋质量保证书”，里面详细记录了房屋的保修年限，只要在保修年限内存在房屋质量问题，开发商都是认可的，这也是法律赋予你的权利以及开发商的义务。

4. 验房什么时间验比较好

答：根据住房和城乡建设部和工商总局联合发布的 2015 版《商品房买卖合同示范文本》规定，办理交付手续前，买受人有权对该商品房进行查验，出卖人不得以缴纳相关税费或者签署物业管理文件作为买受人查验和办理交付手续的前提条件。买受人查验的该商品房存在除地基基础和主体结构外的其他质量问题的，由出卖人按照有关工程和产品质量规范、标准负责修复，并承担修复费用，修复后再行交付。我们是建议你们在收房前或收房当天验收，相对于后期比较容易维护业主的权益。当然，如果您已经收房，也是可以选择验房服务，只要您的房屋在质量保修期以内（房屋质量保证书有明确规定保修期）。

第6章

受开发商/物业公司委托的验房流程

本章主要介绍验房企业受开发商/物业公司委托的新建房屋进行的验房行为。通过考察全国主要受开发商/物业公司委托的验房业务，经过提炼和整理，归纳出受开发商/物业公司委托的验房流程主要分为3个阶段，分别是立项阶段、实施阶段和结束阶段（见图6.0.1），本章主要探讨受开发商/物业公司委托的验房流程中实施阶段和结束阶段。

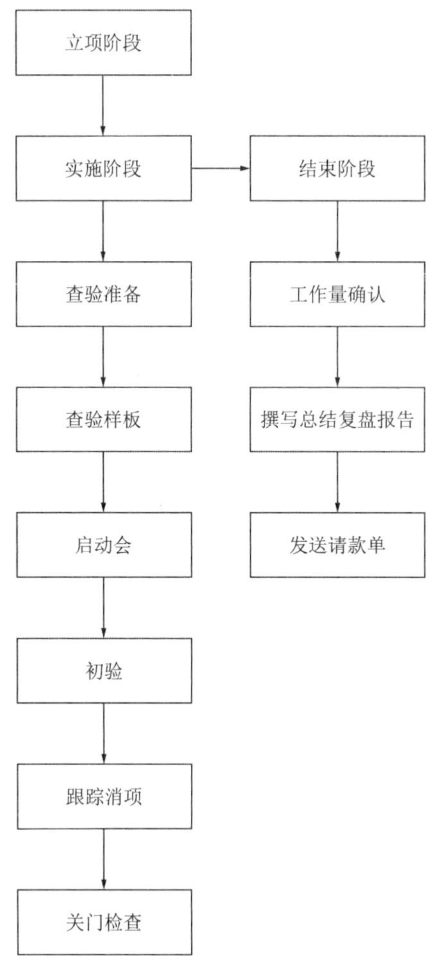

图6.0.1　验房流程

6.1　立项阶段

该阶段主要是确定项目的定义：什么时间，由谁来做什么事，在哪个地方，工作成果要求是什么。

1. 受开发商/物业公司委托

开发商委托查验属于内部查验，是一种提升交付品质的管理行为。对物业公司来说内部查验还能够提前发现功能问题，减少后期的维修量。

2. 确定查验内容，签订协议

委托人主要会通过招标投标的方式，发布查验需求，包含面积等。受委托人在确定任务前，应提前审查清单内容的完整性与可操作性。在签订查验合同后，第一时间去现场做踏勘。如果查验内容有变更，应及时调整。协议内容见章节末小贴士项目第三方服务合同。

6.2　实施阶段

6.2.1　查验准备

（1）委托人资料准备：房屋建筑图纸，施工单位花名册，验收标准手册，合同交付标准等有利于受托方开展工作的相关资料。

（2）人员准备：根据不同业态、体量及要求，进行人员合理配置。

（3）技术准备：进行验收方法交底培训，工具使用交底培训。

（4）管理准备：准备组织架构图、任务分工表、工作流程图、质量记录表、工作计划表、工具准备。

6.2.2　查验样板

1. 在正式查验前必须进行查验样板工作，主要目的有六点：

（1）进一步明确可查内容范围。

（2）与业主方确认查验标准。

（3）明确问题归属责任单位。

（4）初步梳理现场风险问题。

（5）测算验收工作量。

（6）收集项目启动会资料。

2. 样板选取原则

每个标段每个楼栋每个户型都覆盖到（表 6.2.2）。

查验样板检查条件清单　　表 6.2.2

序号	检查项目	检查条件
1	电气	室内正式通电（临时用电也行） 室内开关、插座、灯具安装调试完成 施工单位、监理单位完成自检 图纸和标识完整
2	打压	水龙头、角阀等设备均安装完成 施工单位完成自检
3	闭水	室内通水 地面砖施工完成，各衔接收口完成 地面砖（包括积水）检查、整改完成
4	通球	正式通水 马桶安装完成 室外管网安装完成 施工单位完成自检
5	淋水	室内通水 门窗施工完成，并完成调试 采取内保温墙面的窗框保温施工预留
6	分项验收	最后墙面腻子打磨完成，完成底漆施工 饰面砖施工完成 橱柜、户内门、塑钢门窗安装调试完成
7	综合验收	所有部品部件安装完成 墙面油漆保留一遍 整改基本完成后再完成最后一遍油漆 供水、供电正常使用 专项验收合格率达到 100%，分项验收合格率达到 100%

6.2.3　启动会

1. 启动会的意义

（1）项目启动会是确保项目运行的重要一环，甲乙双方和工程各参建方组成的项目小组进行认识和会面。

（2）确认委托人高品质交付的决心，明确项目的愿景与期望，告知具体实施人明确的目标。

（3）委托人向被委托方项目经理和项目小组成员进行授权，明确工作职责与边界，调动全员的积极性。

（4）被委托方团队介绍查验工作整体部署，工作计划，主要质量问题及建议，整改工作流程，沟通信息。

（5）核心意义是让项目参建方从上到下达成一种共识，为日后开展相关的工作减少障碍。

2. 启动会的内容

（1）自我介绍，熟悉双方团队成员组成。

（2）工作分工，明确工作职责。

（3）明确查验必要性、查验标准、工作周期。

（4）相互配合工作的节点。

（5）查验样板发现的主要问题及整改建议。

6.2.4　初验

1. 初验的原则

（1）可追溯原则。

（2）真实客观原则。

（3）全面覆盖原则。

（4）客户视角原则。

（5）一户一档原则。

2. 问题的分类

对于质量问题一般分为三个类型：A 类属于严重项问题；B 类属于一般项问题；C 类属于轻微项问题。问题类型的归类，可以根据不同业主的关注程度进行不同的调整（表 6.2.4-1）。

入户门的问题类型分类　　表 6.2.4-1

严重项问题	（1）门框及门扇破损（大于 1cm × 1cm） （2）开启后把手与墙面或部品碰撞（未设置门碰/门吸） （3）入户门及门锁开启不灵活、开启存在异响
一般项问题	（1）门锁安装不正、松动 （2）划痕、掉漆、碰伤、修补痕迹明显，边框孔眼未封堵 （3）门框收口不顺直、粗糙 （4）密封胶条不完整、脱落
轻微项问题	（1）存在表面不光洁、污染 （2）门吸松动不牢固 （3）防火条脱落、破损 （4）铰链生锈

3. 初验问题的记录

为了便于施工单位快速寻找问题点进行维修。在问题记录过程中应当要明确查验单位、问题级别、交付标准、楼栋、房号、位置、部位、检查项、问题描述。除此之外，还可以补充检查人、责任单位、问题归属、查验时间等信息做成登记表（表 6.2.4-2）。

查验问题记录表　　表 6.2.4-2

查验单位	问题级别	交付标准	楼栋	房号	位置	部位	检查项	问题描述
××××	A	精装	1 号	1704	北次卧	窗户	玻璃	破碎

查验单位也可以根据实际管理需求、问题特点，使用照片增加水印的方式进行问题的登记及发送（图 6.2.4-1）。

(a)

(b)

图 6.2.4-1　查验问题图片水印

注意问题录入的时效性：原则上必须每日将所有信息全部录入，即使信息录入量大的检查阶段也不得晚于次日日报发出前完成录入。

4. 问题数据整理

问题数量应单点计算，不能归类合并统计：应将不同房间、不同墙面、不同专业、不同零部件、不同设备设施系统、不同日期检查发现的问题分别记录为不同问题（统计精度到墙、同类问题可合并同类项）。

例如，某天，验房师在一个墙面发现三处开裂问题，则在登记时候可登记为三个，在数据整理时候应该整理为一个。

5. 数据汇总

现场记录：第三方查验小组必须将所有问题按统一的《分户查验现场记录表格》要求格式记录，现场记录方式不允许私自用白纸、便签等方式记录。

问题汇总：将所有信息按照《分户检验问题汇总表》格式全部录入在一张表里（表 6.2.4-3）。

分户检验问题汇总表　　表 6.2.4-3

××××年××月××日×××××项目查验明细							
序号	楼栋	单元	房间号	功能间	检查项	问题描述	备注
1	1	1	1001	客厅	空调	空调出风口拼接缝隙明显	
2	1	1	1001	玄关	入户门	门框灌浆装饰盖变形	

续表

××××年××月××日×××××项目查验明细							
序号	楼栋	单元	房间号	功能间	检查项	问题描述	备注
3	1	1	1001	玄关	收边收口	木门套与门框缝隙未收口	
4	1	1	1001	玄关	收边收口	内门套型材拼接不平漏缝	
5	1	1	1001	玄关	入户门	门框水泥砂浆污染	
6	1	1	1001	玄关	入户门	门锁锁片未安装	
7	1	1	1001	玄关	入户门	门锁安装歪斜	
8	1	1	1001	玄关	入户门	门框型材漆面破损	
9	1	1	1001	玄关	收边收口	内门套与门楣拼接处缝隙不一致	
10	1	1	1001	玄关	收边收口	内门框型材拼接缝隙不一致	
11	1	1	1001	玄关	入户门	门框东上角开裂划伤	
12	1	1	1001	玄关	入户门	猫眼未安装	
13	1	1	1001	玄关	入户门	门槛踩踏松动变形	
14	1	1	1001	北次卧	户内门	门框拼接漏缝	
15	1	1	1001	北次卧	户内门	门框型材拼接不平	
16	1	1	1001	厨房	厨房移门	移门闭合缝隙大小不一	
17	1	1	1001	厨房	厨房移门	门扇闭合与门框大小缝	
18	1	1	1001	厨房	厨房移门	门扇闭合异响	
19	1	1	1001	公卫	户内门	门框型材拼接不平漏缝	
20	1	1	1001	南次卧	户内门	门套线型材拼接不平漏缝	
21	1	1	1001	南次卧	收边收口	门套与墙面收口粗糙	
22	1	1	1001	南次卧	户内门	门扇闭合晃动	
23	1	1	1001	主卫	收边收口	门套上侧与吊顶大小缝	
24	1	1	1001	主卫	户内门	门框门套型材拼接不平漏缝	
25	1	1	1001	主卫	户内门	门吸吸力不足	
26	1	1	1001	玄关	木地板	地板成品保护	

6. 查验信息通报

1）日报

日报为每天反馈现场查验情况、查验进度、重点问题、需要协调帮助事项的汇报（表 6.2.4-4）。

一房一验日报表　　表 6.2.4-4

<table>
<tr><td colspan="2">××××项目第三方一房一验日报（20××年××月××日）</td></tr>
<tr><td colspan="2">一、当日概述：</td></tr>
<tr><td colspan="2">◆累计完成进度：55%
◆当日完成：当日完成 60 户、问题数 7468 条、户均问题数 124.5 条/户
◆当日重点关注：1-1302 卫生间下水管边侧漏水；2-301 客厅地面贯穿裂缝
◆备注：（例如，按计划，当日甲方未配合到位事项描述）</td></tr>
<tr><td colspan="2">二、次日计划：</td></tr>
<tr><td colspan="2">◆次日工作量安排
（3 幢 3～5 层；5 幢 3～5 层；6 幢 3～5 层；合计 60 户）</td></tr>
<tr><td colspan="2">三、次日需甲方配合事项：</td></tr>
<tr><td colspan="2">◆电梯开启；验收室内门开启；室内通水、通电。</td></tr>
<tr><td colspan="2">四、当日查验部分问题照片（照片须水印）：</td></tr>
<tr><td></td><td></td></tr>
<tr><td></td><td></td></tr>
<tr><td colspan="2">五、备注：</td></tr>
<tr><td colspan="2">◆成品保护导致无法检查项
◆共性问题
◆室内未保洁
◆因施工原因，未验收项
◆上述验收数据截至当日 17:00</td></tr>
<tr><td>××检测咨询有限公司</td><td>汇报人：</td></tr>
</table>

2）周报

每周末对本周检查、整改的进度和数据汇总，结合现场进度在未来一周内有可能对分户检验工作有序开展造成影响的，以及日报通报中未得到有效改进的共性问题，按照通报模板要求向项目总负责人、工程经理、客户关系管理部/物业公司或相关部门负责人进行通报。其他通报流程可依据项目具体情况，在分户检验启动会上达成共识后可作适当增加。

6.2.5 跟踪消项

1. 消项启动会

明确整个消项工作的启动时间与终止时间，消项工作的流程，消项工作的管理制度，消项工作所需要实现的目标。

2. 消项样板

目的：甲方、查验方与维修方统一确定消项的标准，有利于问题消项的闭环。方式：施工单位选择 1～2 户进行维修；维修完成后施工方、查验方、甲方一起前往现场评审，确定消项标准。

3. 消项目标动态控制原理

所谓动态控制就是在项目整个实施过程中，通过对过程、目标和活动的跟踪，全面、及时、准确地掌握信息，将实际目标值和查验消项状况与计划目标状况进行对比，如果偏离了计划和标准的要求，及时采取措施加以纠正，从而保证消项计划目标的实现。

4. 动态控制的工作步骤

消项目标动态控制的准备阶段工作，将消项的目标根据一定的指标进行分解，用以估算确定用于目标控制的计划值。

在消项管理实施过程中对消项目标进行动态跟踪和控制：收集整理消项目标的实际值；定期进行消项目标的计划值和实际值的比较；如有偏差，则采取纠偏措施进行纠偏。

如有必要进行消项目标调整，目标调整后控制过程再重复消项启动会及后续工作。

消项目标动态控制是一个动态循环过程，包括消项目标计划值、目标实际值和纠偏措施。通过目标计划值和实际值的比较分析，以发现偏差是目标控制过程中的关键环节。

5. 动态控制的纠偏措施

纠偏措施包括组织措施、管理措施、经济措施、技术措施等。

1）组织措施

主要包括健全消项管理的组织体系；应有专门的工作部门和人员负责动态控制的工作；检查落实动态控制工作任务和相应的管理职能分工；组织和协调动态控制工作。消项会议是一个重要手段。

2）管理措施

主要包括选择合理的风险管理措施，以减少动态控制工作的风险量；利用信息技术辅助动态风险管理控制工作；例如，合同管理措施等。

3）经济措施

为实现目标采取的经济激励措施。

4）技术措施

主要通过设计方案、施工机具、施工方法优化等进行纠偏。

6. 消项流程

验房组每天出验收问题点记录单，发给监理工程师，由监理工程师发给各施工单位。

施工单位拿到验房组验收问题点记录单后，及时安排工人整改，通过整改后，满足复检条件，知会监理工程师验收，再由监理工程师报验房组复检。

复检后的问题点，还是按前两条流程走，直到问题点全部关闭（每次复检消点率要达到90%以上，如未能达到，请项目部进行严肃处理，报复检周期不能超过3天，复检量不能少于一天的验收量）。

7. 消项问题的登记

为了便于对消项情况进行跟踪管理。在问题消项记录过程中应当要明确楼栋、房号、问题来源、检查日期、检查人员、问题描述、责任单位、复检时间、整改状态等信息（表6.2.5-1）。

消项问题记录表　　表6.2.5-1

楼栋	房号	问题来源	检查日期	检查人员	问题描述	责任单位	复检时间	整改状态
3	501	南阳台	2021/10/21	××	客厅南墙下口渗漏	××装饰	2022/1/15	已整改

8. 消项的数据汇总（表6.2.5-2）

消项数据汇总表　　表6.2.5-2

××××××项目当日消项数量表									
序号	承建单位	问题总数量	当日实际提交数量	当日消项数量	当日消项合格率	剩余问题数量	已消项问题数	整体消项率	备注
1	智能化单位	797	0	0	0.00%	21	776	97.37%	
2	栏杆单位	1075	0	0	0.00%	61	1014	94.33%	
3	28、29幢外涂单位	164	0	0	0.00%	14	150	91.46%	
4	防火窗单位	4662	513	390	76.02%	452	4210	90.30%	
5	3幢外涂单位	30	0	0	0.00%	3	27	90.00%	
6	28、29幢门窗单位	3085	234	140	59.83%	443	2642	85.64%	
7	室内门单位	6656	0	0	0.00%	1056	5600	84.13%	
8	进户门单位	967	14	8	57.14%	220	747	77.25%	
9	3幢橱柜单位	3504	186	129	69.35%	962	2542	72.55%	
10	28、29幢橱柜单位	6988	905	656	72.49%	2004	4984	71.32%	
11	3幢精装单位	9210	94	71	75.53%	2884	6326	68.69%	
12	3幢精装单位	3583	0	0	0.00%	1100	2483	69.30%	
13	28、29幢精装单位	15184	113	62	54.87%	5828	9356	61.62%	
14	新风单位	20	0	0	0.00%	8	12	60.00%	
15	墙纸单位	6084	389	151	38.82%	3170	2914	47.90%	
16	土建单位	74	0	0	0.00%	40	34	45.95%	
	小计	62083	2448	1607	65.65%	18266	43817	70.58%	

9. 消项进度滞后的预警

××项目消项情况汇报

××项目总户数 1070 户，交付截至 1 月 10 日报修 25931 条问题，截至 1 月 10 日累计消项 19590 条，消项率 75.5%，原计划 20 天消项率要达到 90%，现阶段消项率比预期要低 15 个点，维修进度严重滞后，严重影响闭户率，现场情况如下：

一、维修进度严重滞后，消项率低于 60%的单位现场情况

1. ××单位代工（2、3、8）：现场报修 5992 条，维修 2976 条，消项率 49.7%，现场瓦工 4 人、涂料 4 人、水电 2 人、精装地板 6 人、石材 1 人，当日检查现场一共就 17 个人，人员比所需求的人员少了三分之二，维修进度严重滞后，严重影响消项率、闭户率。

2. ××单位：现场报修 157 条，维修 45 条，消项率 28.7%，现场泥工 3 人，维修进度缓慢，建议启动第三方维修。

3. ××单位：现场报修 96 条问题，消项 51 条，消项率 53%，现场暂无人维修。

二、维修进度低于 80%的单位现场情况

1. ××单位：现场报修 2608 条问题，维修 1968 条，消项率 75.5%，现场瓦工 4 人、水电 1 人、铝扣板 1 人，现场主要缺进户门调试工、打胶工，瓦工进度稍微慢点。

2. ××单位：现场报修 3419 条问题，维修 2423 条，消项率 70.9%，现场瓦工 5 人、精装地板 3 人、涂料 1 人，现场墙地砖、精装地板、水电、打胶进度较慢，维修人员不够。

3. ××单位：现场报修 2565 条，维修 1999 条，消项率 77.9%，现场维修慢的原因，客厅移门型材变形维修困难，工人维修合格率低，胡乱维修。

三、现场人员需求

1. ××代工单位现场人员需求：

1）2 号楼瓦工 4 人、涂料 8 人、地板 6 人、水电 1 人、石材 1 人、打胶 1 人、入户门油漆 1 人、调试 1 人、保洁 1 人；2）3 号楼瓦工 6 人、涂料 3 人、地板 6 人、水电 1 人、石材 1 人、打胶 1 人、入户门油漆 1 人、调试 1 人、保洁 1 人；3）8 号楼瓦工 2 人、涂料 3 人、地板 4 人、水电 1 人、石材 1 人、打胶 1 人、入户门油漆 1 人、调试 1 人、打胶 1 人、保洁 1 人。

2. ××精装单位人员需求：瓦工 6 人、涂料 2 人、精装地板 4 人、水电 1 人、入户门油漆 1 人调试 1 人、打胶 1 人、保洁 1 人。

3. ××精装单位人员需求：瓦工 6 人、涂料 3 人、精装地板 1 人、水电 1 人、入户门调试 2 人、打胶 1 人、保洁 1 人，若达不到消项要求继续增加人员。

四、备货要求

××橱柜备货较多，部分备货要到年后才能到，后期影响闭户，需甲方协调该单位备货加急。

需领导协调维修进度较慢的单位，维修人员尽快到位。

××××工程检测咨询有限公司

2022 年××月××日

10. 消项的经济处罚（表 6.2.5-3）

工程罚款单 表 6.2.5-3

XM04-05（A/0）

工程名称：________ 施 工 单 位：××××××装饰工程有限公司
分项工程：大货精装工程 工 序 名 称：________
处罚日期：202×.××.×× 罚款单编号：________

主送	××××××装饰工程有限公司		签收	
抄报				
抄送	监理部 □是 ⊙否 合约部		签收	
事由	贵司承建的××××××二期大货精装工程项目，12 号楼消项进度缓慢，整改人员不足，严重影响整改进度，多次未完成倒排计划。			
附件	无			
意见	处以 ⊙可取消 ○永久性 罚款人民币 壹仟 元（¥1000 元）意见并要求于 1 日内作出如下整改： 1. 完成倒排消项计划；			
	专业工程师：	主管工程师：	项目经理：	
处理结果验证	验证日期： 验证结果： □是 ☑否 整改完毕 □是 □否 采取进一步处罚措施 □是 □否 撤销可取消罚款 □是 □否 转为永久性罚款			
	监理工程师：	专业工程师：	主管工程师：	
施工单位签收				

11. 消项完成后的评价（表 6.2.5-4）

消项评价表 表 6.2.5-4

精装消项评分表							
施工单位		评分单位		评分楼栋		评分日期	
	评分标准			权重比	分数	打分	最后得分
消项配合度	问题表是否已签收，并确定整改完成日期（从问题表发出之日起计算，每延期一天签收扣 5 分，扣完为止）			40%	50		
	已签收单位，上报消项时间以三天为一个周期（从签收之日起计算，每延期一个周期扣 10 分，扣完为止）				50		
消项成功率	单批次消项率达到 90%为合格，不扣分（低于 90%以下消项率，每降低 1%，扣 2 分，扣完为止）			40%	70		
	未合格消项问题，复查仍不合格的，每发现一处扣 5 分，扣完为止				30		

续表

精装消项评分表							
施工单位		评分单位		评分楼栋		评分日期	
	评分标准			权重比	分数	打分	最后得分
安全文明施工	消项现场卫生情况，是否满足工完场清要求（以点计算拍照留证，每 20%出现 1 处扣 10 分，扣完为止）			20%	100		
注：评分结果与进度款付款挂钩，90 分以上正常付款，且评分同步于成本部月度（季度）单位评价。							
80～90 分按 80%付款，并延期 1 个月付款（或暂停进度款各项流程）							
70～80 分按 80%付款，并延期 2 个月付款（或暂停进度款各项流程）							
70 分以下暂停付款 3 个月，直至问题单全部消项完成（或暂停进度款各项流程）							
以上，因未按要求完成消项，导致交付问题产生的单位，同步追究相应责任							

6.2.6　关门检查

以业主入住的视角作最终确认。主要内容包括：部品部件是否安装完成，是否存在严重质量问题（渗漏），户内保洁卫生情况是否达标。其他轻微问题，可暂缓修补，避免修补时破坏其他成品。

1. 实施阶段保障验收效果

实施验收关键是人有强烈的责任感和强有力的执行能力。提升查验人员的执行能力可通过培训、跟进、考核三位一体的管理体系加以推进，辅以互联网手段加强管理。

2. 事前培训

根据标准、体系、企业文化、个人素质建立综合性的培训机制，持续且有目的、有步骤地开展培训，从意识层面统一查验人员观念、做法，提升主观能动性。

培训类型可包含质量标准培训、管理体系培训、专业素养培训、职业操守培训、企业文化培训等。

3. 事中跟进

持续不断跟进是保证验收工作不偏航的有效手段。

管理动作：计划管理、考勤管理、过程监督、汇报管理、早晚会管理，其中早晚会是最重要的管理动作，通过早晚会可统一思想，同时可当天事当天毕。

管理工具：考勤表、进度计划表、过程巡查表、每日验收日汇报表等。

4. 事后考核

考核和奖惩是提升验收结果的原动力。房企根据自身管理水平设置考核指标和奖惩措施。

例如，某企业对问题消项率重点进行管控，在考核制度中规定每天整改消项率不得低于 85%，每低一个百分点处罚 200 元；3 天累计消项率不得低于 90%，每低一个百分点处罚 500 元，A 类问题整改消项率必须 100%完成，每低一个百分点或延迟一天处罚 1000 元。

6.3 结束阶段

开发商/物业公司委托验房查验完成后，应与所签订委托协议的项目负责人确认工作量完成清单，在查验完成后 2 天内撰写查验总结复盘报告，通过召开会议或企业邮箱发送项目负责人的方式进行汇报项目查验结果，最后提交请款单。

6.3.1 工作量确认

工作量确认是对已完成查验工作的确认，是请款的依据，在项目即将完成时，即需要做好工作量确认单，提交应与所签订委托协议的项目负责人确认，工作量确认单内容一般包含已用人工、查验完成面积、甲乙双方信息，确认人签字等（表 6.3.1）。

人工确认单 表 6.3.1

编号：×××

<table>
<tr><td>工程名称：</td><td colspan="3">××××</td></tr>
<tr><td>甲方单位：</td><td colspan="3">××××置业有限公司</td></tr>
<tr><td>乙方单位：</td><td colspan="3">××××工程检测咨询有限公司</td></tr>
<tr><td>服务时间：</td><td colspan="3">20××年××月××日至 20××年××月××日（暂定）</td></tr>
<tr><td>服务内容：</td><td colspan="3">一房一验</td></tr>
<tr><td>附件：</td><td>有　无</td><td>页数：</td><td>共 1 页</td></tr>
<tr><td colspan="4">致××××置业有限公司项目部：
事由：
20××年××月××日—20××年××月××日，已用人工 344 人，
（查验阶段按照集采要求 7 × 26 × 3 = 546 人工，剩余 202 人工）
20××年××月××日—20××年××月××日，已用人工××人工
20××年××月××日—20××年××月××日，现场 7 人，暂定人工 210 人工
签证期间用工按时结算</td></tr>
<tr><td colspan="4">确认签字栏</td></tr>
<tr><td colspan="4">
<table>
<tr><td>甲方项目部：
（签字/盖章）

时间：　年　月　日</td><td>甲方项目客服部：
（签字/盖章）

时间：　年　月　日</td><td>乙方单位：
（签字/盖章）

时间：　年　月　日</td></tr>
</table>
</td></tr>
</table>

6.3.2 撰写总结复盘报告

总结复盘报告是查验完后对查验项目的一个整体总结，主要内容包括：

（1）项目概况。

（2）目标完成情况。

（3）查验数据分析。

（4）承包商配合度分析。

（5）问题案例分析。

（6）管理提升建议。

（7）详情见附件。

6.3.3　发送请款单

汇报项目总结报告后，向开发商/物业公司所对接人提交请款单，争取及时回款，请款单格式内容参考图 6.3.3。

请款单

××××房地产开发有限公司：

根据与贵公司 20×× 年 ×× 月签订的《【××××】业务委托合同(竣工检查)》，合同约定“合同签订后，乙方进场前支付 455000(竣工检查费用 50%)”。特此向贵公司申请费用：人民币 455000(大写：肆拾伍万伍仟元整)。

费用明细：

合同总价 910000×50%=455000(元)

合计：455000 元

敬请予以审核支付。为盼！

××××工程检测咨询有限公司

20×× 年 ×× 月 ×× 日

汇款请汇入：

账户名称：××××工程检测咨询有限公司

开户银行名称：×××××××××××××××

银行账号：×××××××××××××××

图 6.3.3　请款单

项目第三方服务合同

委托方：（以下简称甲方）

地址：

联系电话：

受托方：（以下简称乙方）

地址：

联系电话：

开户银行：

户名：

银行账号：

为了使甲方开发的项目的工程质量在施工过程中得到有效控制，及时发现、解决问题，维护甲方的品牌形象和业主满意度，甲方委托乙方对甲方开发建设的项目（以下简称本工程）进行独立的第三方检查服务。甲、乙双方本着平等、互惠的原则进行友好的协商，达成共识，签订本合同，以期双方共同遵守。

1. 甲乙双方经营资格及承诺

1）双方系依据相关法律法规合法设立并有效存续的法律实体。

2）双方均拥有合法权利、许可（为本合同之目的，"许可"系指任何政府部门或主管部门（如有）颁发的任何执照、许可、登记注册、证书、同意、批准、批复、确认、备案及/或授权）和授权签订、履行本合同，且本合同一经签署即构成对双方有效、有约束力、并可执行的义务。

3）双方已采取一切适当和必要的行动获得签订和签署本合同所需的全部授权，且前述行动应持续有效。

4）本合同之签字页上双方名称一栏中的签字均系分别由获双方正式授权的签字人有效签署。

5）签署及履行本合同均不会与双方作为一方的任何合同或其他合同或文件的条款冲突和不履行，或者据此任何一方的财产可能受到限制。

2. 服务内容概况

一房一验：以业主视角，参照房屋质量按照国家、地方相关法规及行业内标准做法进行细部检查并就使用功能上的缺陷进行问题查找，服务内容包含一房一验（含初验、跟踪消项及复验）。

3. 工作要求

1）验收流程

（1）根据甲方的要求按照不同标段及进度，现场及时、合理调配人员。

（2）现场乙方负责人及时与甲方负责人沟通，若特殊情况可以电话汇报，并汇报验收工作完成概况。

2）验收成果反馈形式和时间

（1）验收报告可以电子档形式5日内发送至甲方指定邮箱；

（2）根据甲方要求，阶段性节点验收成果，包含日报、验收明细、风险报告等，以电子形式提供评估报告。

3）文明礼仪

（1）上班时间必须着装整洁，严禁穿拖鞋、短裤进入项目现场。

（2）项目现场服从项目部管理，正确佩戴安全帽（验收室内精装修时确认安全环境下可不作要求）。

（3）要遵守安全文明施工的要求。否则由此造成的人员伤害事故等由乙方自行承担责任。

4）工具使用

每日验收必须携带工具箱，工具齐备（包括但不限于空鼓锤、卷尺、阴阳角尺、标线仪、塔尺、靠尺、水带、10A及16A相位仪、测距仪等）。

5）项目对接

（1）甲方对接信息

a. 甲方指定唯一对接邮箱:（此邮箱为甲方接收乙方电子资料唯一邮箱）。

b. 甲方项目负责人：联系方式:（此项目负责人为甲方项目现场与乙方唯一沟通联系人；甲方其他项目负责人如有需要沟通事项，需通过甲方指定联系人）。

（2）乙方对接信息

a. 乙方指定唯一对接邮箱:（此邮箱为乙方发送甲方电子资料唯一邮箱）。

b. 乙方项目负责人：联系方式:（此项目负责人为乙方项目现场与甲方唯一沟通联系人）。

c. 乙方公司指定负责人：联系方式:（如项目现场出现无法调解争议，由公司负责人沟通）。

（3）甲乙双方如联系方式出现变更，应提前5天以电子邮件形式通知对方，并确定收到对方回复。

4. 双方的权利和义务

1）甲方权利义务

（1）如乙方不能按照合同约定时间、检查内容及标准进行检测，甲方有权要求乙方立即调整，如乙方拒绝调整或经过调整仍不能符合甲方要求，甲方可解除合同。

（2）甲方有权根据现场施工进度调整节点检测时间、增加或合并、删除部分检查内容；调整项目需双方提前三天书面或者电子邮件确认。

（3）甲方有权要求乙方对各阶段、各层次的检测工作出具详细书面报告。

（4）对于甲方认可后的检测人员（特别是项目负责人），乙方不得随意抽调，如确需抽调，则乙方应提前七天向甲方书面提出，并经甲方同意；对于派往甲方的检测人员，如因其个人原因不能履行职务，乙方应提交书面详实说明其不能履职的原因，如甲方要求还应提供相应的证明资料。

（5）甲方应按乙方需要提供检测的有关资料，授权一名能迅速作出决定的验收负责人，负责与乙方联系。

（6）甲方根据甲乙双方确认检测进度时间安排，协调并督促施工单位作好检测前相应准备工作，如由于甲方管理原因导致不能按照计划进行检测工作，甲方承担相应的责任。

（7）乙方验收负责人应在根据各标段不同的施工进度合理安排细检进度和人员，安排提前一天通知甲方。甲方需向乙方工程师提供细检所需资料，如具体楼号，平面布置图、节点检测时间、施工图纸和设计文件等（甲方认为涉及机密且不需提供的资料除外）。

2）乙方权利和义务

（1）乙方需在项目进场前二周内确定现场负责人，现场负责人至少有三年大型楼盘验收工作经验，该负责人主要职责为：与甲方保持沟通、管理现场工程师、处理现场突发状况、熟悉项目、统筹安排验收事务等。

（2）乙方细检人员需运用合理技能及有关检测仪器、仪表、工具和方法完成合同范围内标准节点的验收任务。

（3）乙方需自行解决细检工程中需要的小工问题（解决例如，扛梯子、爬高查看等粗活）、甲方安排施工单位配合相应工作（如找窨井、厨卫蓄水、提供登高设备、开门等）。

（4）乙方确保公平，公正，客观地进行节点的验收。如出现“吃拿卡要”等违法行为，甲方可随时解除合同，不予支付剩余所有合同款项并要求乙方承担甲方由此带来的一切损失。

（5）乙方应当教育派往甲方的工作人员，应当遵守甲方的工地及办公场所管理制度，维持良好的工作秩序。

（6）乙方及其相关工作人员，包括但不限于派往甲方工作的人员都应当为在工作中遵从甲方信息保密要求，未经甲方许可，不得对任何人泄露，相关的检测、检查资料，无论是甲方提供的还是乙方制作的，都应当采取保密措施，绝不允许随意放置、丢弃或擅自转交、转借他人，否则应承担违约责任；造成甲方损失的，应予赔偿。

（7）乙方及其工作人员应当维护甲方的声誉，绝不允许在任何时间、场合，以任何方式（包括但不限于互联网）发表对甲方不利的言论或暗示，否则应承担违约责任，造成甲方损失的，应予赔偿。

5. 保密措施

（1）乙方应承担本协议与本协议有关的事项以及甲方提供的所有文件、资料和信息（以下合称“保密信息”）的保密义务，未经甲方书面同意，不得将保密信息向本协议以外的其他方披露。

（2）乙方保证其履行本合同的行为、方法、过程文件、成果文件等均不侵犯第三方的合法权益。

（3）乙方对甲方提供的所有以书面、图纸、文本及电子、口头、传真等形式的各项资料信息予以保密，不得传递给非乙方公司的人员，同时不得复印和外传，在交付工作结束后应销毁所有的相关资料和信息；乙方公司及人员不得利用相关资料和信息与本工程有利害关系人进行非法的交易、损害甲方的利益和名誉。

（4）如因乙方违反本合同约定的保密义务，造成甲方信息泄漏的，则视为乙方违约，甲方有权向乙方追偿及要求乙方承担恢复名誉、消除影响等违约责任。

6. 收费标准及支付方式

1）合同标的

一房一验费用：项目建筑面积____m^2，服务单价____元/m^2，费用合计____元，大写：_______，不含税总价为：____元，税金：____元，税率为____%。

2）支付方式

（1）合同签订后，合同范围内所有房屋初验查验完毕，并出具服务成果后，甲方向乙方支付合同总额的______%；

（2）合同范围内所有房屋复验完毕，并出具服务成果后，甲方向乙方支付合同总额的______%。

7. 增减项

乙方在验收过程中发现其他质量问题，但不在合同检测范围内，甲方要求检测，乙方可以申请增项；另甲方根据不同项目不同进度及现场情况，要求的增项费用双方进行协商，协商不成以工作量计价。本合同项下另计工作量以每人每天____元为准；所有增项以甲乙双方现场负责人签字的增项单为准。

8. 本协议在履行过程中发生争议，双方应协商解决。若协商不成，甲乙双方均有权向甲方所在地人民法院提起诉讼。本合同签订前甲乙双方如果已经实际履行了部分与本协议相关的工作，其权利义务关系参照本合同执行。

9. 本协议一式两份，甲方一份，乙方一份，双方签字盖章后生效。未尽事宜参照《中华人民共和国民法典》的规定办理。

甲方：（章）	乙方：（章）
法定代表人：（签章）	法定代表人：（签章）
或委托代理人：（签字）	或委托代理人：（签字）
签约日期：____年____月____日	签约日期：____年____月____日

第 7 章

实地验房

7.1 新房验收清单

7.1.1 毛坯房户内验收清单

毛坯房户内验收包含 8 个分部工程验收，34 个分项工程验收，详见表 7.1.1。

毛坯房户内验收查验清单表　　表 7.1.1

验收类型	检查项目	检查内容
毛坯房户内	入户门	铰链
		门框
		门扇
		锁具
	土建	防水
		粉刷质量
		结构质量
		空间尺寸
		墙、板厚度
		排烟
		隔声效果
	门窗	玻璃
		窗框
		门框
		窗扇
		门扇
		锁具
	水电	给水

续表

验收类型	检查项目	检查内容
毛坯房户内	水电	排水
		强电
		弱电
	栏杆	尺寸
		牢靠
		型材
		玻璃
	节能	遮阳
		窗户保温性能
	设备	燃气
		电梯
	其他	通风
		设计缺陷
		外立面
		保洁

7.1.2　精装房户内验收清单

精装房户内验收查验包含 12 个分部工程，48 个分项工程查验项目，详见表 7.1.2。

精装房户内验收查验清单表　　表 7.1.2

验收类型	检查项目	检查内容
精装房户内	入户门	铰链
		门框
		门扇
		锁具
	室内水电工程	给水
		排水
		强电
		弱电
	饰面砖（石材）工程	墙面砖（石材）
		地面砖（石材）
		门槛石
		窗台石

续表

验收类型	检查项目	检查内容
精装房户内	吊顶工程	完好度
		平整度
		吊顶材料
	饰面板工程	平整度
		完整性
		颜色统一性
		牢固性
	涂饰工程	颜色统一性
		完整性
		美观性
	裱糊与软包工程	平整度
		粘贴牢固度
		观感质量
	安装工程	橱柜
		储柜
		室内门
		地板、踢脚线
		电器
		五金、洁具
		灯具
		细部收口
	门窗工程	窗扇
		窗框
		锁具
		玻璃
	土建工程	空间尺寸
		墙、柱、板尺寸
		渗漏
		隔声效果
	护栏	尺寸
		安装可靠度
		型材材质
		玻璃
	其他	保洁
		设计缺陷

续表

验收类型	检查项目	检查内容
精装房户内	其他	通风与空调
		采光

7.2　二手房验收清单

在二手房交易过程中，买方应重点关注的检查项目和内容。检查项目包括但不限于文件清单的核查、房屋状况的详细检查，以及可能存在的空间改动和私搭乱建问题。包含 6 个分部工程，24 个分项工程查验项目，详见表 7.2.1。

二手房验收清单表　　表 7.2.1

验收类型	检查项目	检查内容
二手房	文件清单	《不动产产权证书》
		《住宅使用说明书》
		《住宅质量保证书》
		《房屋面积测绘报告》
		水、电、煤气、物业费等缴费凭证及过户手续证明
	房屋主体结构及外观	开裂
		后开孔
		渗水
		隔声
		门窗
		外墙涂料
		外墙线条
		屋面构件完整
	设施设备	水
		强电
		弱电
		燃气
		消防系统
		节能
		智能化
	室内空间改动	结构改造
		阳台封闭
	私搭乱建	私搭乱建
	配套设施及家具家电	清点附送物品

7.3 公共区域及消防设施

7.3.1 公共部位验收清单

公共部位验收包含 4 个分部工程检查项目，13 个分项工程检查项目，详见表 7.3.1。

公共部位验收查验清单表　　表 7.3.1

验收类型	检查项目	检查内容
公共部位	公区入口	单元门禁
		信报箱
	公区装饰	大堂前厅涂料
		大堂前厅墙地砖（石材）
		电梯厅强弱电
		电梯厅涂料
		电梯厅墙地砖（石材）
		公用楼梯间
	安装设施	消防设施
		水电管井
		电梯
	地下室	地下室
		机房/配电房

7.3.2 园林景观验收清单

园林景观验收查验包含 2 个分项工程项目，分别为软景、硬景检查，共计 11 个分项工程检查项，详见表 7.3.2。

园林景观验收清单表　　表 7.3.2

验收类型	检查项目	检查内容
园林景观	软景	乔木
		灌木
		草坪
		种植土壤
	硬景	车行路面
		出入口

续表

验收类型	检查项目	检查内容
园林景观	硬景	硬质铺装
		排水系统（井盖/箅子/排水沟）
		灯具
		消火栓
		园区设施

7.3.3　消防设施

消防设施验收查验包含 4 个分项工程项目，分别为消防报警系统、疏散指示标志及应急照明、灭火系统和消防联动功能检查，共计 17 个分项工程检查项，详见表 7.3.3。

消防设施验收清单　　表 7.3.3

验收类型	检查项目	检查内容
消防设施	消防报警系统	烟感、温感传感器
		消防广播系统
		消防中控室
	疏散指示标志及应急照明	应急照明及疏散系统
		防火卷帘
		防排烟系统
	灭火器器材	室外消火栓
		室内消火栓
		喷淋系统
	消防通道检查	防火卷帘
		门禁
		应急广播
		风机
		电梯
		应急照明
		声光报警器
		电源

7.4　验房工具介绍

验房工具是房屋查验中必不可少的验房设备，目前主要验房工具包括 2m 检测尺、对角检测尺、空鼓锤、内外直角检测尺、楔形塞尺、伸缩检测镜、卷线器、焊接检测尺、激光标线仪、激光测距仪、十字螺丝刀、一字螺丝刀、验电笔、万能表、16A/10A 插座相位仪、卷尺、游标卡尺、数码照相机、手电筒、网络线及同轴线测试器、打压泵、声级计、便携式钢化玻璃检测器、扇形塞尺、螺旋测微器、深度检测尺、含水率检测仪、水带、塔尺。其他辅助工具包括打火机、废报纸、便笺纸、粉笔、水、手套、鞋套及其他辅助工具[钢直尺、人字梯、盛水设施(盆或瓢)、记录单、笔、相关的委托合同、相关证件等]。根据所测房屋的种类不同，可针对性选择验房工具。

1. 2m 检测尺

2m 检测尺又称靠尺，是检测建筑物体平面的垂直度、平整度及水平度的偏差的工具。主要功能用于垂直度检测、水平度检测、平整度检测，是检测工作中使用频率最高的一种检测工具。检测墙面、瓷砖是否平整、垂直。检测地板龙骨是否水平、平整(图 7.4-1)。

图 7.4-1 2m 检测尺

1)垂直度检测

(1)检测尺为可展开式结构，合拢长 1m，展开长 2m。

(2)用于 1m 检测时，推下仪表盖。活动销推键向上推，将检测尺左侧面靠紧被测面，(注意：握尺要垂直，观察红色活动销外露 3～5mm，摆动灵活即可)。待指针自行摆动停止时，直读指针所指刻度下行刻度数值，此数值即被测面 1m 垂直度偏差，每格为 1mm。

(3)用于 2m 检测时，将检测尺展开后锁紧连接扣，检测方法同上，直读指针所指上行刻度数值，此数值即被测面 2m 垂直度偏差，每格为 1mm。如被测面不平整，可用右侧上下靠脚(中间靠脚不要旋出)检测。

2)平整度检测

检测尺侧面靠紧被测面，其缝隙大小用楔形塞尺检测(参照图 7.4-5 楔形塞尺)，其数值即平整度偏差。

3)水平度检测

检测尺侧面装有水准管，可检测水平度，用法同普通水平仪。

4)校正方法

垂直检测时，如发现仪表指针数值偏差，应用红外线标线仪校正，调整垂直，将检测尺放在标准水平物体上，用十字螺丝刀调节水准管“S”螺丝，使气泡居中。

2. 对角检测尺

对角检测尺用于检测方形物体两对角线长度对比偏差，将尺子放在方形物体的对角线上进行测量。

对角检测尺检测方形物体两对角线长度对比的偏差是 3 节式伸缩结构（图 7.4-2）。

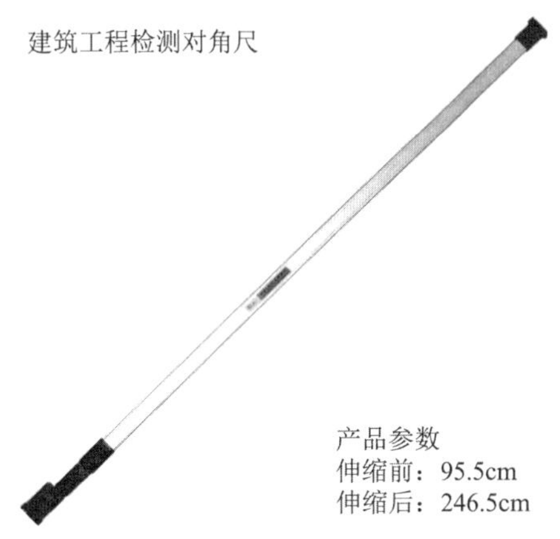

图 7.4-2　对角检测尺

（1）检测尺为 3 节伸缩式结构，中节尺设 3 档刻度线。检测时，大节尺推键应锁定在中节尺上某档刻度线“0”位，将检测尺两端尖角顶紧被测对角顶点，固紧小节尺。检测另一对角线时，松开大节尺推键，检测后再固紧，目测推键在刻度线上所指的数值，此数值就是该物体上两对角线长度对比的偏差值（单位：mm）。

（2）检测尺小节尺顶端备有 M6 螺栓，可装楔形塞尺、活动锤头、便于高处检测使用。

3. 空鼓锤

空鼓锤主要用于检测房屋墙面是否空鼓，可以通过锤头与墙面撞击的声音来判断。验房师通过敲击法，检查隐蔽工程的工程质量。敲击法主要利用特殊的敲击工具，考察隐蔽部位是否存在空鼓、起皱、用料不均等情况。例如，隔墙中是否存在空鼓现象，夹层面板是否有密实的填充物等（图 7.4-3）。

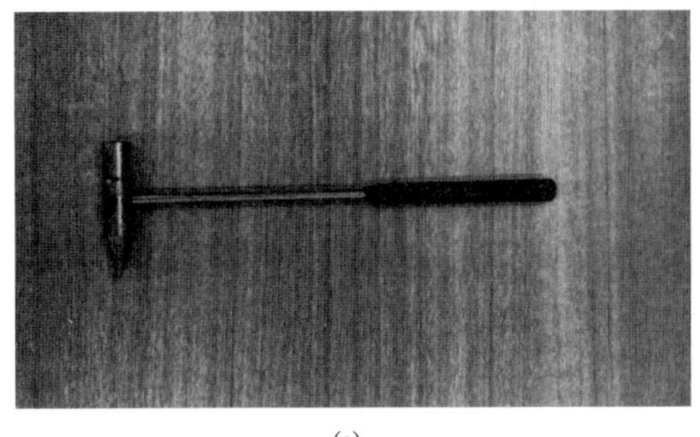

(a)

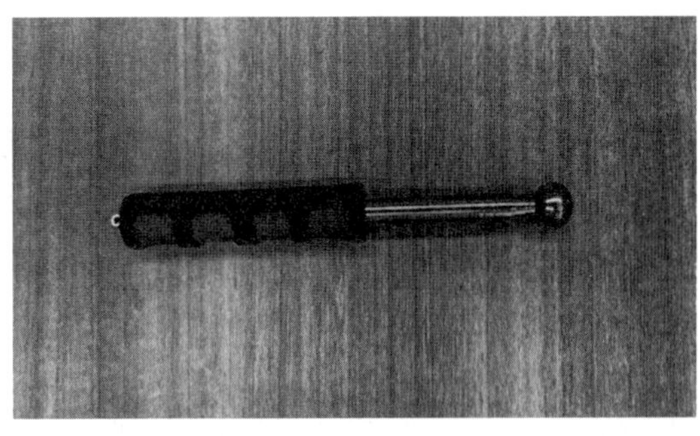

(b)

图 7.4-3　空鼓锤

4. 内外直角检测尺

内外直角检测尺主要用于检测物体上内外（阴阳）角的偏差及一般平面的垂直度与水平度（图 7.4-4）。

图 7.4-4　内外直角检测尺

（1）内外直角检测：将推键向左推，拉出活动尺，旋转 270°即可检测，检测时主尺及活动尺都应紧靠被测面，指针所指刻度数值即被测面的直角偏差，每格为 1mm。

（2）垂直度水平度检测：可检测一般垂直度及水平度偏差，垂直度可用主尺侧面垂直靠在被测面上检测，检测水平度应把活动尺拉出旋转 270°，指针对准“0”位，主尺垂直朝上，将活动尺平放在被测物体上检测。

5. 楔形塞尺

楔形塞尺是用于检验间隙的测量器具之一。一般与之相配的是水平尺，将水平尺放于墙面上或地面上，然后用楔形塞尺塞入，以检测墙、地面水平度、垂直度误差。一般用来检查平整度、水平度、缝隙等，还可直接检查门窗缝（图 7.4-5）。

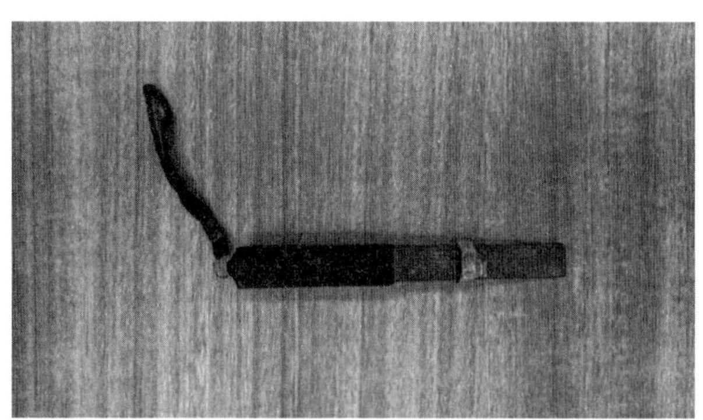

图 7.4-5　楔形塞尺

6. 伸缩检测镜

伸缩检测镜主要用于查看隐蔽和正常看不到的地方（例如，门扇上下收口及边缘是否刷漆防腐；管道背面和管道支架的内表面是否刷漆防锈等）。高的地方借助于伸缩杆，组合工具进行查验（图 7.4-6）。

图 7.4-6 伸缩检测镜

7. 卷线器

卷线器是塑料盒式结构，内有尼龙丝线，拉出全长 15m，可用于检测建筑物体的平直，例如，砖墙砌体灰缝、踢脚线等（用其他检测工具不易检测物体的平直部位）。检测时，拉紧两端丝线，放在被测处，目测观察对比，检测完毕后，用卷线手柄顺时针旋转，将丝线收入盒内，然后锁上方扣（图 7.4-7）。

图 7.4-7 卷线器

8. 焊接检测尺

焊接检测尺主要用于检测钢筋折角焊接后的质量（图 7.4-8）。

图 7.4-8 焊接检测尺

9. 激光标线仪

激光标线仪在验房中主要用于提供水平线与垂直线，测地面与顶面的水平度等。特点功能：自动调平、同时发射一条水平线和一条垂直线，形成互呈 90°直角十字线、可机外自校、增加安平范围（图 7.4-9）。

(a)

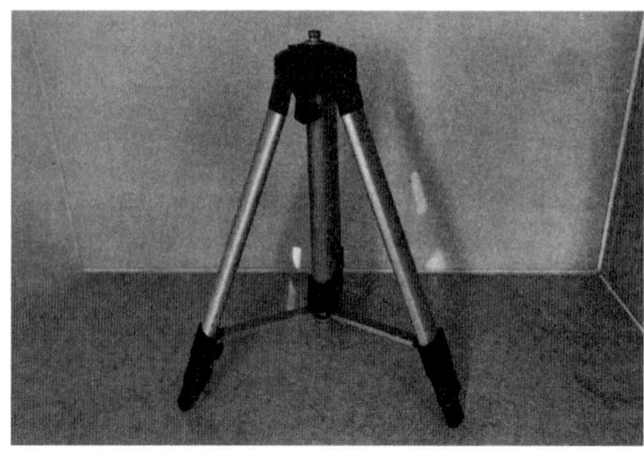

(b)

图 7.4-9　激光标线仪和脚架

10. 激光测距仪

激光测距仪是利用激光对目标的距离进行准确测定的仪器。激光测距仪在工作时向目标射出一束很细的激光，由光电元件接收目标反射的激光束，计时器测定激光束从发射到接收的时间，计算出从观测者到目标的距离。激光测距仪重量轻、体积小、操作简单速度快而准确，其误差仅为其他光学测距仪的五分之一到数百分之一。仪器特征：依据型号、品牌，测量范围一般在 60m 以内（图 7.4-10）。

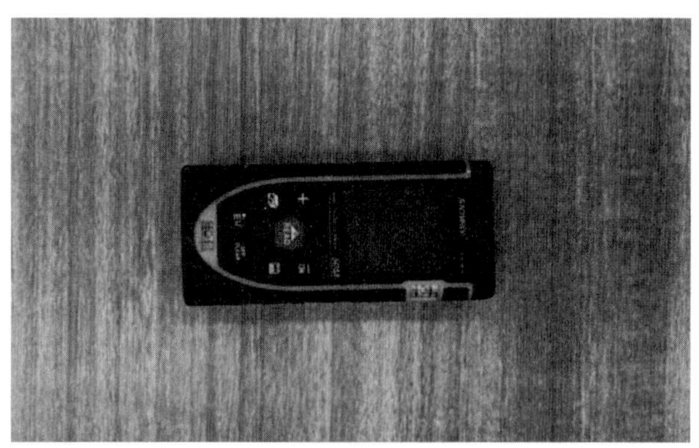

图 7.4-10　激光测距仪

11. 十字螺丝刀、一字螺丝刀

十字螺丝刀和一字螺丝刀也叫螺丝起子、螺丝批或螺丝刀，是一种以旋转方式将螺丝固定或取出的工具。主要有一字（负号）和十字（正号）两种。在验房过程中用以拆装箱电箱、开关、插座等使用（图 7.4-11）。

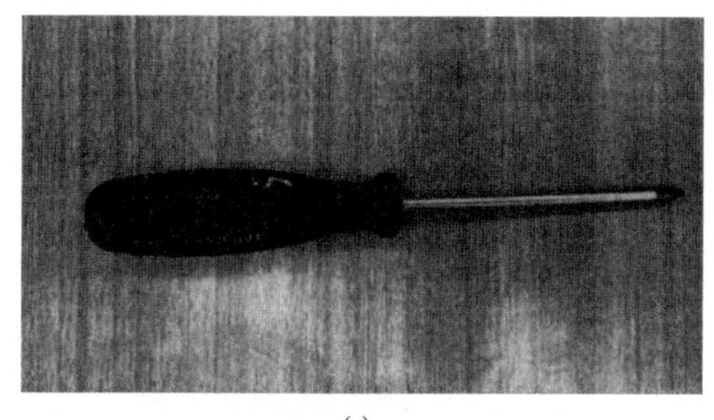
(a)

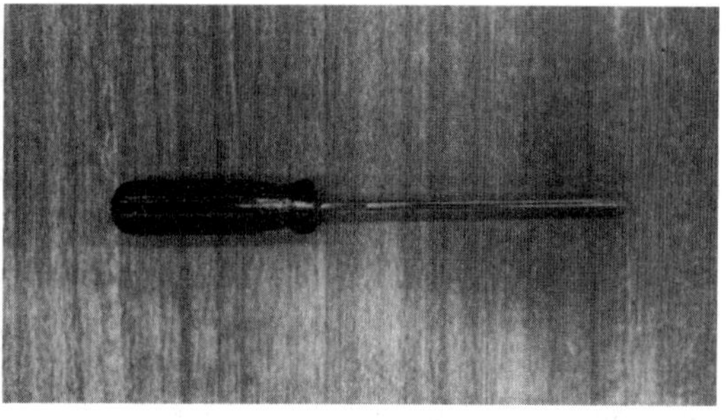
(b)

图 7.4-11　十字螺丝刀和一字螺丝刀

12. 验电笔

验房中常用的是低压验电笔，是电工常用的一种辅助安全用具。用于检查 500V 以下导体或各种用电设备的外壳是否带电。一支普通的低压验电笔，可随身携带，只要掌握验电笔的原理，结合熟知的电工原理，就可以灵活运用（图 7.4-12）。

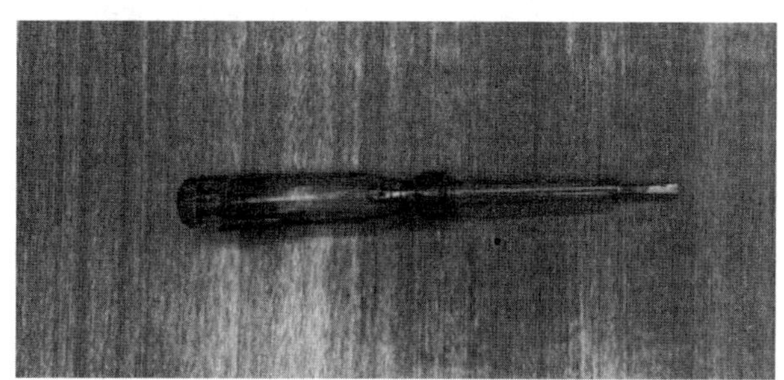

图 7.4-12　验电笔

13. 万用表

万用表又称为复用表、多用表、三用表等，是电力电子等部门不可缺少的测量仪表，一般以测量电压、电流和电阻为主要目的。万用表按显示方式分为指针万用表和数字万用表。是一种多功能、多量程的测量仪表，一般万用表可测量直流电流、直流电压、交流电流、交流电压、电阻和音频电平等，有的还可以测交流电流、电容量、电感量及半导体的一些参数等（图 7.4-13）。

图 7.4-13　万用表

14. 16A/10A 插座相位仪

16A/10A 插座相位仪主要用于测 10A/16A 插座是否通断，相、零、地线是否连接正确、有无接反，查验漏电保护功能、回路是否正确。需注意黑色按钮为检查短路时漏电保护功能是否灵敏，不规则插座不要牵强测试，以免损坏（图 7.4-14）。

(a)

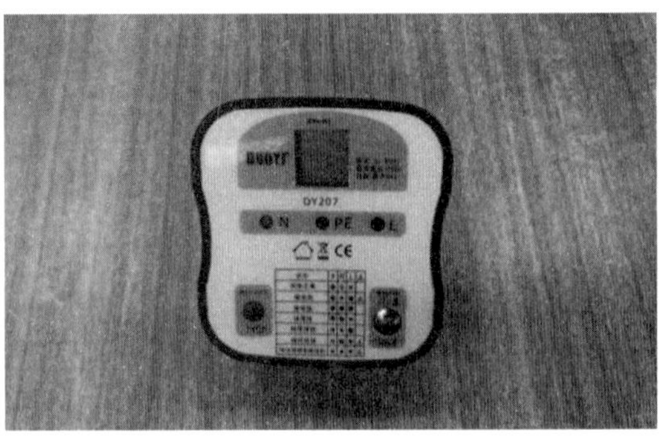

(b)

图 7.4-14　16A/10A 插座相位仪

15. 卷尺

卷尺主要用于配合其他工具测尺寸（距离）（图 7.4-15）。

图 7.4-15　卷尺

16. 游标卡尺

游标卡尺，又称为游标尺子或直游标尺子，是一种测量长度的仪器。由主尺和附在主尺上能滑动的游标两部分构成。主尺一般以毫米为单位。根据分格的不同，游标卡尺可分为十分度游标卡尺、二十分度游标卡尺、五十分度格游标卡尺等。游标卡尺主要用于测量电线线径与各种管径（图 7.4-16）。

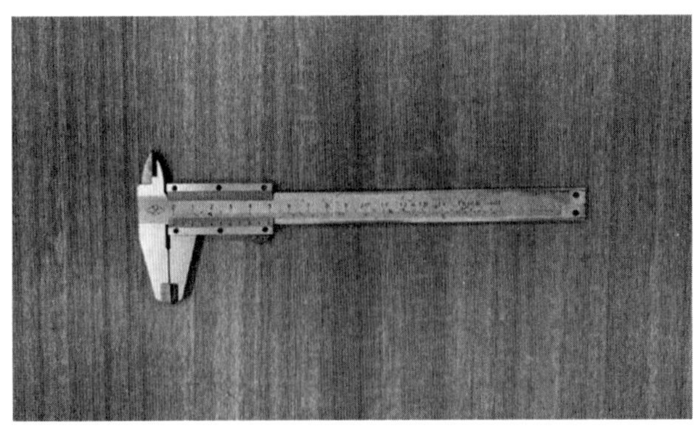

图 7.4-16　游标卡尺

17. 数码照相机

数码照相机用于取证，作为附件，拍照时调出日期时刻（图 7.4-17）。

图 7.4-17　数码照相机

18. 手电筒

手电筒用于查验较暗或较隐蔽的部位（图 7.4-18）。

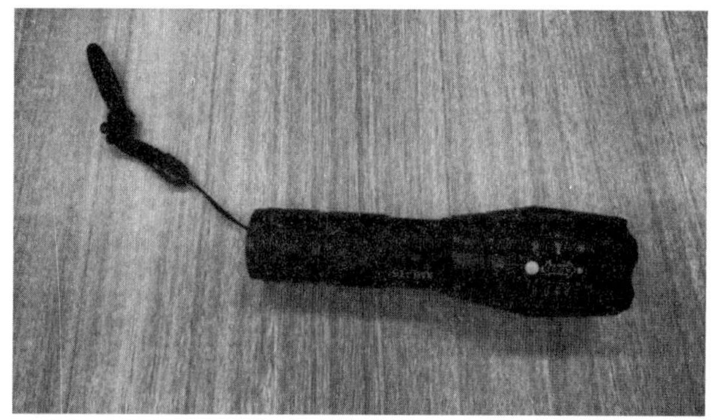

图 7.4-18　手电筒

19. 网络线、同轴线测试器

网络线、同轴线测试器主要用于检查网络线路与有线电视线路（图 7.4-19）。

图 7.4-19　网络线、同轴线测试器

20. 打压泵

打压泵主要用于检查冷、热水管道有无渗漏现象及管道耐压情况（图 7.4-20）。

图 7.4-20　打压泵

21. 声级计

声级计又叫噪声测量仪，是一种用于测量声音的声压级或声级的仪器，是声学测量中最基本而又最常用的仪器。随着国民经济的发展和人们物质文化生活水平的提高，噪声普查和环境保护工作全面开展，机器制造行业已把噪声作为产品的重要质量指标之一，礼堂和体育馆等建筑物不仅仅要求造型美观，也追求音响效果，这些都使得声级计的应用越来越广泛（图 7.4-21）。

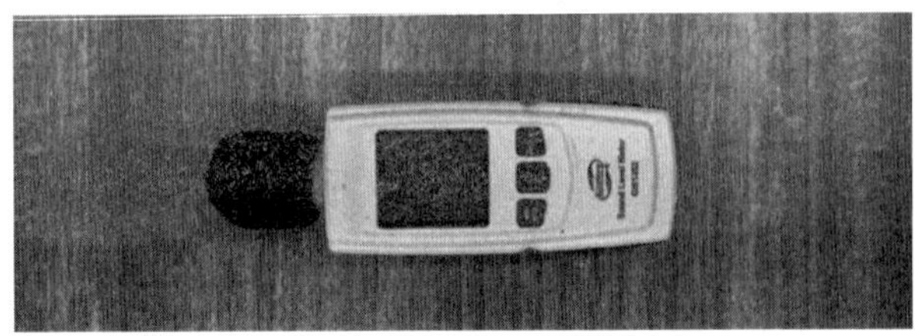

图 7.4-21　声级计

22. 便携式钢化玻璃检测器

便携式钢化玻璃检测器用于检测玻璃是否为钢化玻璃，注意长时间不用时要将电池取出或充电（图 7.4-22）。

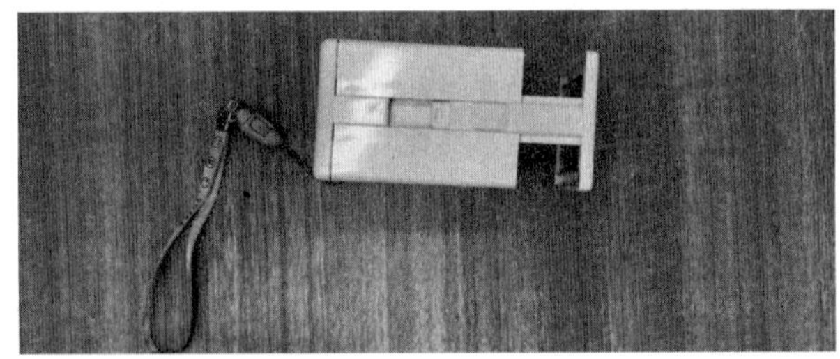

图 7.4-22　便携式钢化玻璃检测器

23. 扇形塞尺

扇形塞尺由不同厚度差的薄片组成，是用来测量缝隙的器具之一（图 7.4-23）。

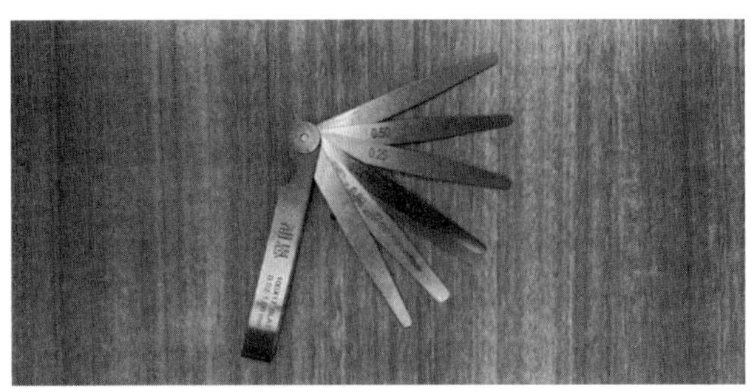

图 7.4-23　扇形塞尺

24. 螺旋测微器

螺旋测微器又称千分尺、螺旋测微仪、分厘卡，是比游标卡尺更精密测量长度的工具，用它测长度可以准确到 0.01mm，测量范围为几个厘米。它的一部分是加工成螺距为 0.5mm 的螺纹，当它在固定套管的螺套中转动时，将前进或后退，活动套管和螺杆连成一体，其周边等分成 50 个分格。螺杆转动的整圈数由固定套管上间隔 0.5mm 的刻线去测量，不足一圈的部分由活动套管周边的刻线去测量，最终测量结果需要估读一位小数（图 7.4-24）。

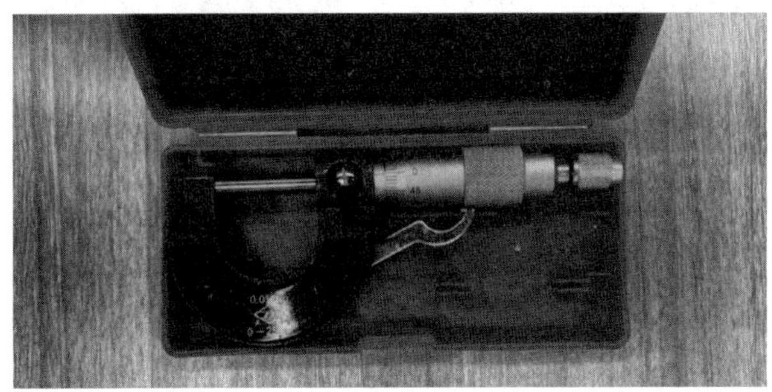

图 7.4-24　螺旋测微器

25. 深度检测尺

深度检测尺是用来测试深度的检测工具（图 7.4-25）。

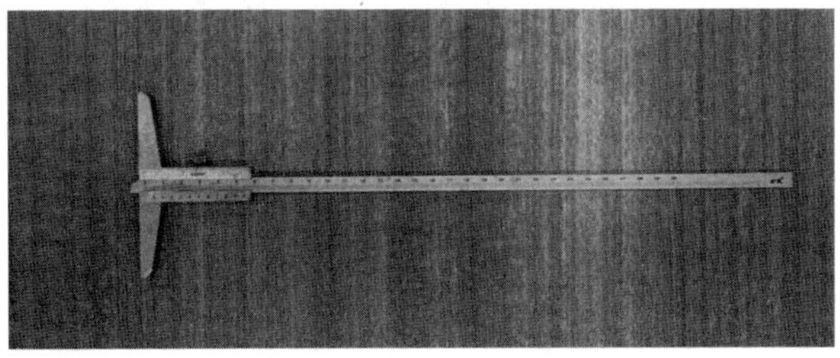

图 7.4-25　深度检测尺

26. 含水率检测仪

含水率检测仪用于测量材料含水率（图 7.4-26）。

图 7.4-26　含水率检测仪

27. 水袋

水袋是做泼水试验、检查地漏时用来盛水的器具（图 7.4-27）。

图 7.4-27　水袋

28. 塔尺

塔尺为水准尺的一种。早期的水准尺大多采用木材制成，质量重且长度有限（一般为2m），测量时，携带不方便。后逐渐采用铝合金等轻质高强材料制成，采用塔式收缩形式，在使用时方便抽出，单次高程测量范围大大提高，长度一般为 5m，携带时将其收缩即可，因其形状类似塔状，故常称之为塔尺（图 7.4-28）。

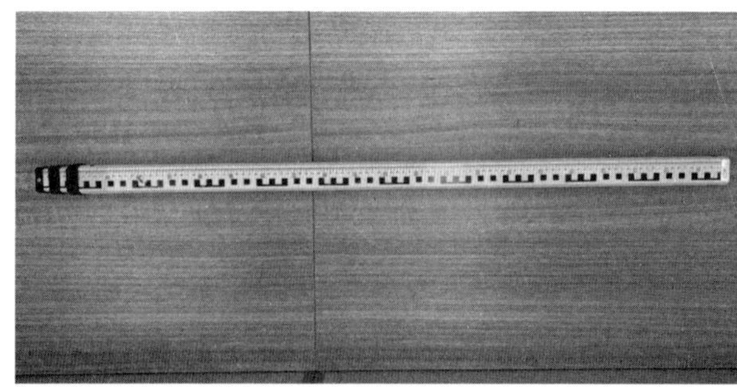

图 7.4-28　塔尺

29. 其他工具

打火机、废报纸、便笺纸、粉笔、水、手套、鞋套及其他辅助工具［钢直尺、人字梯、盛水设施（盆或瓢）、记录单、笔、相关的委托合同、相关证件等］，根据现场验房情况及时配备。

7.5　新房验收标准及动作

7.5.1　毛坯房户内验收标准及动作

在房屋户内验收中，一般以进入户门后顺时针或逆时针为验收动线进行验收，保障每一功能间均能被检验。在毛坯房户内验收中主要有 8 大检查项目，分别为入户门、土建、门窗、水电、栏杆、节能、设备和其他，这 8 大检查项基本涵盖毛坯房验收所涉及的全部内容，具体的检测项目、检测标准依据、检测工具和工作参照表 7.5.1 毛坯房户内验房标准及动作表。

毛坯房户内验房标准及动作表　　　　**表 7.5.1**

检查项目	检查内容	检测项目	检测标准依据	检测（工具）动作
入户门	铰链	铰链位置	铰链固定件是否外露（按照图纸）	目测、手电筒
		铰链变形	铰链是否变形	目测、手电筒
		铰链使用	铰链是否使用灵活	现场试用
		铰链配件	铰链是否缺螺丝、合页槽深浅适宜、螺丝型号统一	目测
	门框	门框观感	门框是否变形	激光标线仪
		门框观感	门框是否有划痕、凹痕、掉漆、修补痕迹	目测、手电筒
		门框密封条	门框密封条是否脱落、破损、粘贴不牢	手电筒、触摸
		门框配件	门框装饰盖帽是否缺失	目测、手电筒
		门框色差	门框表面是否存在色差	目测、手电筒
		门框灌浆	门框是否灌浆到位	空鼓锤
		门框收口	外门框与墙面是否漏缝超过 3mm	楔形塞尺
		线条拼接	门框线条拼接是否不平、错位	触摸
		安装垂直度	门框安装是否垂直度误差小于 3mm	激光标线仪
		门头“大小头”	门头墙面大小头极差小于 10mm	卷尺
		门框“大小头”	门框两侧墙面大小头极差小于 10mm	卷尺
	门扇	门扇变形	门扇是否变形	目测、手电筒
		门扇观感	门扇是否有划痕、凹痕、掉漆、修补痕迹	目测、手电筒
		门扇密封条	门扇密封条是否脱落、破损、粘贴不牢	目测、手电筒
		门扇色差	门扇表面是否有色差	目测、手电筒
		门扇使用	门扇闭合是否松动	现场试用
		门扇使用	门扇闭合后是否周边缝隙误差小于 3mm	楔形塞尺

续表

检查项目	检查内容	检测项目	检测标准依据	检测（工具）动作
入户门	门扇	门扇使用	门扇开启方向与图纸是否一致	按照图纸
		门扇使用	门扇开启时是否与墙面冲突（是否设置限位）	现场试用
		门扇使用	门扇开启方向符合建筑防火设计规范（开启方向为疏散前室）	现场试用
		门扇使用	门扇开启是否异响	现场试用
		门扇配件	门扇猫眼洞、螺丝孔扣盖是否齐全	目测
		门扇配件	单元楼号、门牌是否正确、歪斜等	按照图纸、目测
		安装垂直度	门扇安装是否垂直度误差小于 3mm	激光标线仪
		门扇规格	门扇类型是否（防火门、防盗门）	按照图纸
		门扇安装	门扇底部与门槛石缝隙是否为 6～8mm	楔形塞尺
		插销使用	子门扇插销使用是否灵活	现场试用
		门扇使用	子母门扇是否闭合后不平、晃动	现场使用
	锁具	配件齐全	五金是否都安装（把手、钥匙、门吸、其他）且安装到位	按照图纸、试用
		配件齐全	螺丝、螺母是否漏装	目测
		锁具安装	锁具配件等固定是否牢固（是否晃动）	现场试用
		变形、破损	锁片、锁舌等型材是否变形、生锈	目测、手电筒
		锁具使用	锁具启闭是否灵活（内保险）	现场试用
		面板	智能面板是否有划痕、破损、胶渍	目测、手电筒
土建	防水	厨、卫间墙面防水层高度	厨、卫间墙面防水层高度大于 300mm，卫生间淋浴区防水层大于 1800mm	卷尺
		厨、卫间墙、地面防水层观感	防水层不应有开裂、透底、颗粒现象	目测、触摸
		厨、卫间墙、地面防水层破损	防水层无破损现象	手电筒
	粉刷质量	空鼓	墙面应无空鼓；自然间内，地面面积不大于 400cm^2 的空鼓小于 2 处	空鼓锤
		裂缝	墙、地面、顶棚无裂缝（距检查面 1m 正视）	手电筒
		起砂	墙、地面无起砂现象	空鼓锤
		墙地顶面观感	墙、地面、顶棚无爆灰、露锈、钢丝网外露、铁丝外露现象	目测、空鼓锤
		横向阴角	与墙面交接部位收口无粗糙、不顺直现象	目测、激光标线仪
	结构质量	露筋	墙、地面无露筋（保护层厚度不够）现象	目测
		开裂	主体结构无开裂现象	裂缝深度检测仪、钢尺、扇形塞尺、水袋
		后开孔	位置合理；无钢筋打断现象	伸缩镜
	空间尺寸	房屋开间	开间极差小于 20mm	激光测距仪
		房屋进深	进深极差小于 20mm	激光测距仪
		房屋净高偏差	净高极差小于 20mm	激光测距仪

续表

检查项目	检查内容	检测项目	检测标准依据	检测（工具）动作
土建	空间尺寸	房屋方正度	房屋方正性小于 10mm	五线仪、卷尺
	偏差尺寸	顶板水平度	极差小于 15mm	激光标线仪、塔尺
		地面水平度	极差小于 10mm	激光标线仪、塔尺
		墙地面平整度	误差小于 4mm	2m 检测尺、楔形塞尺
		墙面垂直度	误差小于 4mm	2m 检测尺
		房屋的阴阳角垂直度	误差小于 10mm	激光标线仪、2m 检测尺
		房屋的阴阳角方正度	误差小于 4mm	内外直角检测尺
		门窗边框、门头、窗头“大小头”	极差小于 10mm	卷尺
		梁柱“大小头”	极差小于 10mm（梁侧面、底面，柱侧面）	卷尺
	渗水	房屋的墙体渗漏、水渍	墙体无渗漏、水渍	手电筒、触摸
		房屋的顶棚渗漏、水渍	顶棚无渗漏、水渍	手电筒、触摸
		空调孔洞	位置合理；无倒反坡现象	卷尺、水平尺
		外窗滴水线设置	滴水线无堵塞，顺直，不到边现象	目测、空鼓锤
	烟道	单向止回阀使用	单向止回阀启闭灵活，检测合格证齐全	空鼓锤
		单向止回阀安装	单向止回阀安装端正，边侧无漏缝现象	激光标线仪
		裂缝	烟道表面无裂缝（距检查面 1m 正视）	手电筒
		烟道的阴阳角垂直度	误差小于 10mm	激光标线仪、2m 检测尺
		烟道的阴阳角方正度	误差小于 4mm	内外直角检测尺
	隔声	客厅临靠电梯间隔墙减震措施安装	客厅临靠电梯间隔墙应该设置隔声减震措施	声级计
		卧室与电梯间隔声墙减震措施安装	卧室与电梯间隔声墙不应该破损	目测
门窗	玻璃	玻璃规格	是否为安全玻璃，有无安全标识	目测
		玻璃划痕	每平方米玻璃，不允许出现宽度 $>$ 1mm 划伤；宽度 $<$ 1mm 时，长度 $\leqslant$ 100mm 的划伤不得超过 4 条	触摸、卷尺
		玻璃内侧	中空玻璃内外表面应洁净，玻璃中空层内不应有灰尘和水蒸气	目测
		玻璃安装	玻璃安装无遗漏	目测
		打胶	玻璃外侧需打胶部位均打胶	目测
		打胶	密封胶应粘结牢固，表面应光滑、顺直、无裂缝	目测
	窗框	型材	型材表面无伤痕、变形、污染等现象	目测
		窗框型材拼缝	窗框型材拼缝小于 0.3mm	扇形塞尺
		窗框型材拼接	窗框型材拼接高低差小于 0.3mm	扇形塞尺
		窗框固定件	固定件无外露	目测
		窗框保护膜	窗扇保护膜去除干净	触摸
		窗框垂直度	垂直度误差小于 3mm	激光标线仪

续表

检查项目	检查内容	检测项目	检测标准依据	检测（工具）动作
门窗	窗框	锁点	锁点与锁扣数量、位置相对应	卷尺
		打胶	无遗漏	目测
		打胶	密封胶应粘结牢固，表面应光滑、顺直、无裂缝	目测
	门框	门框观感	门框无划痕、变形、污染	目测
		门框收口	门框边侧收口是否粗糙	目测
		门框型材拼接	门框型材拼接高低差小于 0.3mm	扇形塞尺
		门框型材拼缝	门框型材拼缝小于 0.3mm	扇形塞尺
		门框固定件	固定件无外露	目测
		锁点	锁点与锁扣数量、位置相对应	卷尺
		门框垂直度	垂直度误差小于 3mm	激光标线仪
		门框泄水孔	门框泄水孔是否存在遗漏、堵塞、开孔冲突、固定片外露	目测
		门框螺丝孔	门框螺丝孔是否缺失，螺丝孔是否缺盖帽	目测
	窗扇	窗扇配件	无遗漏	目测
		启闭	顺畅并无障碍、无异响	启闭
		窗扇保护膜	窗扇保护膜去除干净	触摸
		窗扇安装	无漏装	目测
		窗扇垂直度	垂直度误差小于 3mm	激光标线仪
		窗扇闭合透光	无透光	目测
	门扇	门扇破损	门扇配件是否存在缺失、破损等	目测
		启闭顺畅	门扇开启是否顺畅无障碍、无异响	拉力器
		门扇使用	门扇是否闭合后松动	现场试用
		门扇观感	门扇型材是否存在划痕、变形、破损	目测
		门扇保护	门扇保护膜去除干净	目测
		门扇垂直度	垂直度误差小于 3mm	激光标线仪
		门扇限位	门扇限位装置设置合理	卷尺
		门扇配件齐全	门扇上侧防拆卸是否安装	目测
	锁具	配件齐全	无遗漏	目测
		五金件固定牢固	不晃动	接触
水电	给水	入户水管	卡扣无脱落现象；水管无破损、变形现象	目测
		水龙头	应安装水龙头，且无破损、漏水现象	试用
	排水	下水管	无破损；横管无返坡现象；立管安装垂直	激光标线仪、卷尺
		下水管安装	下水管与空调孔洞无冲突现象	目测
		防火阻燃圈	高层建筑内，管径大于 110mm 时，明敷立管穿越楼层的贯穿部位，应设置阻火圈	目测、卷尺
		防火阻燃圈	采用阻火圈的部位，不得对阻火圈进行包裹，阻火圈应安装牢固	空鼓锤
		地漏下水	地漏下水是否顺畅、排水坡度是否正确	水袋

续表

检查项目	检查内容	检测项目	检测标准依据	检测（工具）动作
水电	排水	卫生间坐便器坑距	坑距满足设计要求（一般检查满足中心坑距到墙面 350mm）	卷尺
		卫生间排水管检修口	无破损、渗水、脱落现象	目测、触摸
		卫生间地漏是否设置存水弯	应设置存水弯，防止返臭	目测
		存水弯高度	弯头上口应低于地坪	卷尺
	强电	配电箱回路标识	强电箱回路功能标识齐全、准确	16A/10A 插座相位仪
		插座相序	插座相序正确	16A/10A 插座相位仪
		漏电保护	漏电保护器正常	16A/10A 插座相位仪
		防溅盒	防溅盒设置满足设计要求；用水区域插座应设置防溅盒	目测
		并列面板	高低差小于 0.5mm；并列部位无透底现象	扇形塞尺
		面板周边收口	面板周边无漏缝现象	手电筒
		开关启闭	启闭正常	试用
		厨房燃气管安全距离	燃气管道与插座、开关最小净距大于 15cm、燃气管软管是否符合规范要求	卷尺、目测
		灯具	功能区内应有灯具且亮	目测、试用
		等电位	等电位端子排厚度不应小于 4mm	游标卡尺
		等电位	等电位接地端子板的安装位置、材料规格和连接方法正确	螺丝刀
		等电位	等电位镀锌扁铁无锈蚀现象	目测
		接地	低于 1.8m 高壁灯需接地	目测
		电箱箱盖	不应变形、使用应灵活；无变形、破损	目测、试用
		面板高低差	同一功能区内面板高低差不大于 10mm	激光水平仪、卷尺
		面板观感	无破损、无漏装	目测
	弱电	智能模块	弱电箱内应有智能模块	目测
		进线	弱电箱内进线（网络、有线、电话）应齐全	目测
		弱电箱内插座	弱电箱内应有插座	目测
		弱电箱内插座	弱电箱内插座的电源线应该套管处理，且符合规范	目测
		安防	红外幕帘是否漏设、安装松动、歪斜、破损	目测、触摸
		应急报警面板	卧室、客厅应急报警面板不应该损坏	目测、试用
		厨房可燃气体报警器	建筑内可能散发可燃气体、可燃蒸气的场所应设置可燃气体报警装置	目测
		电箱箱盖	不应变形、使用应灵活；无变形、破损	目测、试用
		可视对讲	线路齐全	螺丝刀
		可视对讲	底座位置预留合理	卷尺
		面板	无破损、无漏装现象	目测

续表

检查项目	检查内容	检测项目	检测标准依据	检测（工具）动作
栏杆	尺寸	护栏高度	7 层以下高度大于 1050mm，7 层及以上大于 1100mm	卷尺
栏杆	尺寸	护栏间距	间距不应大于 110mm	卷尺
栏杆	安装	护栏安装	外窗窗台距可踏面的净高低于 0.90m 时，应有防护设施，窗外有阳台或平台时可不受此限制	卷尺
栏杆	安装	护栏安装	与上侧梁底“大小头”小于 10mm，不松动，垂直	激光测距仪、激光标线仪
栏杆	型材	护栏观感	护栏无变形、弯曲、锈蚀、掉漆、色差现象	目测、触摸
栏杆	型材	护栏配件	护栏底座螺丝齐全；装饰盖帽无缺损、松动现象	触摸摇晃
栏杆	玻璃	玻璃规格	阳台护栏是否需要夹胶安全玻璃，有无安全标识	目测
栏杆	玻璃	玻璃划痕	每平方米玻璃，不允许出现宽度 > 1mm 划伤；宽度 < 1mm 时，长度 ≤ 100mm 的划伤不得超过 4 条	目测、卷尺
栏杆	玻璃	玻璃内侧漏气，气泡	中空玻璃内外表面应洁净，玻璃中空层内不应有灰尘和水蒸气	目测
栏杆	玻璃	玻璃安装	阳台栏杆夹胶玻璃是否安装，无破损、自爆现象	目测
栏杆	玻璃	玻璃打胶	阳台栏杆夹胶玻璃周边需打胶固定	目测
栏杆	玻璃	打胶观感	阳台栏杆夹胶玻璃密封胶应粘结牢固，表面应光滑、顺直、无裂缝	目测、触摸
节能	遮阳	外遮阳帘	外遮阳帘升降应顺畅，无卡顿；闭合后无透光现象	试用
节能	遮阳	外遮阳帘	外遮阳帘窗框两侧是否打胶，无透光现象	目测
节能	遮阳	内置百叶	内置百叶升降应顺畅，无卡顿；百叶无变形、弯折	试用
节能	保温	保温层	保温层表面应采取防潮防水等保护措施且无破损	目测
设备	燃气	燃气管套管	厨房燃气管通过地面、墙面应该设置套管	目测
设备	燃气	燃气管套管	厨房燃气管套管应该使用柔性填充物	目测
设备	燃气	燃气管位置	厨房燃气管不应与单向止回阀相冲突	目测
设备	电梯	电梯位置	电梯不应与卧室、起居室（厅）紧邻布置，受条件限制需要紧邻布置时，必须采取有效的隔声和减振措施	目测
其他	通风	预留排气孔	卫生间应预留排气孔且位置合理	目测
其他	通风	预留热水器排气孔	厨房间应预留燃气热水器排气孔且位置合理	目测
其他	通风	单向止回阀	厨房单向止回阀叶片不灵活（变形、高度不足，高度不低于 2.2m）	目测、卷尺
其他	设计缺陷	空调孔位置	主卧室空调孔与空调电源位置应该合理	目测

续表

检查项目	检查内容	检测项目	检测标准依据	检测（工具）动作
其他	设计缺陷	空调孔高度	卧室不低于 2200mm，客厅离地建议 150mm	卷尺
		易攀爬措施	住宅底层外窗和阳台门，下沿低于 2.00m 且紧邻走廊或公用上人屋面的窗和门，应采取防卫措施	目测
	外立面	外墙涂料	涂料无明显刷痕、流坠、透底、污染、破损等现象	目测
		外墙线条	外墙线条无开裂、安装不牢固、破损等现象	目测
	保洁	室内保洁	室内无排泄物等垃圾	目测

1. 入户门

入户门就是进入房屋的第一道门，也叫进户门。入户门是进入房屋的第一个关口，当然其防盗性能要更高。入户门一般分为防盗门或防火门，大多数住宅竣工时都安装好入户门。

入户门查验内容主要包括：门框扇表面，划痕、凹痕、掉漆、修补痕迹，防护措施，锁具、合页、开关、配件安装，门框、扇安装，扇与框的结合情况，密封性能，门品种、类型、规格、尺寸、开启方向（正常情况应向外开）、安装位置、与合同约定是否相符等。

2. 室内地面工程

室内地面工程主要指房屋内部的地面和楼面，主要作用是将地面上的荷载均匀地传给地基，同时具有一定的装饰作用。常见的地面由面层、垫层和基层构成。对有特殊要求的地坪，通常在面层与垫层之间增设一些附加层。

室内地面查验内容主要包括：空鼓、裂缝、管线外漏、钢筋外露情况，以及表面平整度、下沉现象、水平情况等。

3. 室内墙面、顶棚工程

墙面主要指室内墙体的维护与装修。现代室内时尚墙面内墙面运用色彩、质感的变化来美化室内环境、调节照度，选择各种具有易清洁和良好物理性能的材料，以满足多方面的使用功能。

墙体应满足下列基本要求：

（1）具有足够的强度和稳定性；

（2）满足热工方面（保温、隔热、防止产生凝结水）的性能；

（3）具有一定的隔声性能；

（4）具有一定的防火性能。

顶棚在室内是占有人们较大视域的一个空间界面。其装饰处理对于整个室内装饰效果有较大影响，同时对改善室内物理环境也有显著作用。通常的做法包括喷浆、抹灰、涂料和吊顶等。具体做法要根据房屋功能要求、外观形式和饰面材料确定。

墙面、顶棚工程查验内容主要包括：空鼓、裂缝、表面平整度、垂直度、阴阳角、墙顶棚刮腻子、顶棚平整度、水平度等。

4. 梁面柱面工程

梁是跨越空间的横向构件，主要起结构水平承重作用，承担其上的楼板传来的荷载，再传到支撑它的柱或承重墙上。柱是建筑物中直立的起支撑作用的构件。它承担、传递梁和楼板两种构件的荷载。

梁面柱面查验内容主要包括：水平度、垂直度、平整度、倾斜、空鼓、裂缝、钢筋外露、蜂孔、下沉等。

5. 厨房和卫生间

厨房指的是可在内准备食物并进行烹饪的房间，一个现代化的厨房通常有很多设备。卫生间供居住者进行便溺、洗浴、盥洗等活动。

厨房和卫生间查验内容主要包括：空鼓、裂缝、地面排水坡度、积水、渗漏、防水涂膜、防水高度、环保等。

6. 室内门窗工程

门窗按其所处的位置不同分为围护构件或分隔构件，有不同的设计要求，要分别具有保温、隔热、隔声、防水、防火等功能，新的节能要求，寒冷地区由门窗缝隙而损失的热量占全部供暖耗热量的25%左右。门窗的密闭性要求，是节能设计中的重要内容。门和窗是建筑物围护结构系统中重要的组成部分。门和窗又是建筑造型的重要组成部分（虚实对比、韵律艺术效果，起着重要的作用），所以它们的形状、尺寸、比例、排列、色彩、造型等对建筑的整体造型都有很大的影响。

室内门窗查验内容主要包括：安装、固定情况，配件、防脱落、防撞措施、开启情况、纱窗、溢水口、材质表面状况，密封胶表面状况、密封性能、缝隙处理、滴水线等；玻璃是否有气泡、砂眼、破损、划痕等现象，以及中空、钢化、磨砂、平板、吸热、反射、夹层、夹丝、压花玻璃等查验。

7. 阳台

阳台是建筑物室内的延伸，是居住者接受光照，吸收新鲜空气，进行户外锻炼、观赏、纳凉、晾晒衣物的场所，其设计需要兼顾实用与美观的原则。阳台一般有悬挑式、嵌入式、转角式三类。

阳台查验内容主要包括：空鼓、裂缝、地面排水坡度、积水、渗漏、防水涂膜、防水高度、环保等。

8. 使用面积、净高测量

使用面积指住宅各层平面中直接供住户生活使用的净面积之和。计算住宅使用面积，可以比较直观地反映住宅的使用状况，但在住宅买卖中一般不采用使用面积来计算价格。

净高指的是楼面或地面至上部楼板底面之间的最小垂直距离。

房屋面积主要查验内容包括：

（1）室内使用面积（净面积）、卧室、起居室（厅）的室内净高、局部净高；

（2）厨房、卫生间内排水横管下表面与楼面、地面净距等。

9. 强弱电工程

强电这一概念是相对于弱电而言。强电与弱电是以电压分界的，工作电压在220V以上为强电。

弱电一般是指直流电路或音频、视频线路、网络线路、电话线路，直流电压一般在32V以内。家用电器中的电话、电脑、电视机的信号输入（有线电视线路）、音响设备（输出端线路）等用电器均为弱电电气设备。

强弱电查验内容为：

（1）安全：接地方式、总等电位联结、各空气开关贴标、电气线路敷设、导线材质、线径等；

（2）配电箱：配线、导线连接、保护接地线、漏电保护器、空气开关等；

（3）开关插座：连接、安装，专线、专路、接地线配置等；

（4）照明线路：回路控制、标识、电源畅通等；

（5）等电位联结：等电位联结干线、局部等电位箱间连接等；

（6）弱电系统：电视信息管线配备、网络电话、综合布线、安防、门禁系统等。

10. 建筑给水排水工程

给水系统的作用是供应建筑物用水，按给水系统供水用途分类，可分为生活给水系统、生产给水系统、消防给水系统三种。建筑排水系统是将建筑内部的废水排出，按其排放性质分类，可分为生活污水、生产废水、雨水三类排水系统。

给水排水工程主要查验内容包括：

（1）各管道固定、管件接口、渗水、防锈处理；

（2）给水：给水配件、热水管保温；

（3）中水：中水管道与设备、池（箱）、水表、阀门的安装及标识等；

（4）温泉：管道铺设、保温处理、单向阀；

（5）纯净水：管道铺设、管件材质、给水配件；

（6）排水：阻火圈、下水、排水坡度、存水弯，水封深度，管道与墙面、地面交接处理措施。

11. 供暖工程

供暖系统的作用是不断地向房间供给热量，维持室内一定的环境温度。供暖工程查验内容：

（1）暖气：管道、渗漏、散热器、管道、阀门、支架及设备、防腐、涂漆；

（2）地热：管道、管间距、渗漏、调节阀门。

12. 燃气

燃气泄漏容易引起燃烧、爆炸、火灾，危险性较大，人工煤气容易引起中毒事故。因此，对燃气管道及设备的设计、安装，都应严格要求，保障燃气使用安全。燃气查验内容包括燃气报警器、构件、安装、管道布设、燃气表、安全阀门。

13. 空调排气装置

空调排气装置查验内容主要包括：空调孔、空调外机位、排水管及排烟、排气管道、配件、畅通、管道口设置等。

14. 其他（选择查验）

其他是除上述部位以外的房屋其他组成部位和设备，主要查验内容包括：

（1）采光：窗地面积比是否不小于 1/7，成套住宅是否有一个主空间能获得冬季日照，卧室起居室和厨房是否设置外窗；

（2）通风：通风管道是否有效、住宅能否自然通风；

（3）隔声：构造上是否采取了隔声措施；

（4）节能：是否采用了高性能材料来提高住宅节能保温效果，住宅公共部位的照明、电梯、水泵、风机等是否采取节电措施。

7.5.2 精装房户内验收标准及动作

在精装房户内验收中，共有 12 个检查项目，分别是入户门、室内水电工程、饰面板工程、土建工程、护栏、门窗工程、饰面砖（石材）工程、裱糊与软包工程、涂饰工程、吊顶工程、安装工程、其他等 12 个分项工程，具体检查内容、检查标准及依据和检测（工具）方法参照表 7.5.2 精装房户内验收标准及动作表。

精装房户内验收标准及动作表 表 7.5.2

检查项目	检查内容	检测内容	检测标准依据	检测（工具）动作
入户门 入户门铰链验收	铰链	铰链位置	铰链固定件是否外露（按照图纸）	目测、手电筒
		铰链变形	铰链是否变形	目测、手电筒
		铰链使用	铰链是否使用灵活	现场试用
		铰链配件	铰链是否缺螺丝、合页槽深浅适宜、螺丝型号统一	目测
	门框	门框观感	门框是否变形	激光标线仪
		门框观感	门框是否有划痕、凹痕、掉漆、修补痕迹	目测、手电筒
		门框密封条	门框密封条是否脱落、破损、粘贴不牢	手电筒、触摸
		门框配件	门框装饰盖帽是否缺失	目测、手电筒
		门框色差	门框表面是否存在色差	目测、手电筒
		门框灌浆	门框是否灌浆到位	空鼓锤
		门框收口	外门框与墙面是否漏缝超过 3mm	楔形塞尺

续表

检查项目	检查内容	检测内容	检测标准依据	检测（工具）动作
入户门 入户门扇验收	门框	线条拼接	门框线条拼接是否不平、错位	触摸
		安装垂直度	门框安装是否垂直度误差小于 3mm	激光标线仪
		门头“大小头”	门头墙面“大小头”极差小于 10mm	卷尺
		门框“大小头”	门框两侧墙面“大小头”极差小于 10mm	卷尺
	门扇	门扇变形	门扇是否变形	目测、手电筒
		门扇观感	门扇是否有划痕、凹痕、掉漆、修补痕迹	目测、手电筒
		门扇密封条	门扇密封条是否脱落、破损、粘贴不牢	目测、手电筒
		门扇色差	门扇表面是否色差	目测、手电筒
		门扇使用	门扇闭合是否松动	现场试用
		门扇使用	门扇闭合后是否周边缝隙误差小于 3mm	楔形塞尺
		门扇使用	门扇开启与图纸是否一致	按照图纸
		门扇使用	门扇开启时候是否与墙面冲突（是否设置限位）	现场试用
		门扇使用	门扇开启方向符合建筑防火设计规范（开启方向为疏散前室）	现场试用
		门扇使用	门扇开启是否异响	现场试用
		门扇配件	门扇猫眼洞、螺丝孔扣盖是否齐全	目测
		门扇配件	单元楼号、门牌是否正确、歪斜等	按照图纸、目测
		安装垂直度	门扇安装是否垂直度误差小于 3mm	激光标线仪
		门扇规格	门扇类型是否为防火门、防盗门	按照图纸
		门扇安装	门扇底部与门槛石缝隙是否为 6～8mm	楔形塞尺
		插销使用	子门扇插销使用是否灵活	现场试用
		门扇使用	子母门扇是否闭合后不平、晃动	现场使用
	锁具	配件齐全	五金是否都安装（把手、钥匙、门吸、其他）且安装到位	按照图纸、试用
		配件齐全	螺丝、螺母是否漏装	目测
		锁具安装	锁具配件等固定是否牢固（是否晃动）	现场试用
		变形、破损	锁片、锁舌等型材是否变形、生锈	目测、手电筒
		锁具使用	锁具启闭是否灵活（内保险）	现场试用
		面板	智能面板是否有划痕、破损、胶渍	目测、手电筒
室内水电工程	给水	水龙头	应安装水龙头，且无破损、漏水现象	试用
	排水	下水管	无破损；横管无返坡现象；立管安装垂直	激光标线仪、卷尺
		下水管安装	下水管与空调孔洞无冲突现象	目测
		防火阻燃圈	高层建筑内，管径大于 110mm 时，明敷立管穿越楼层的贯穿部位，应设置阻火圈	目测、卷尺
		防火阻燃圈	采用阻火圈的部位，不得对阻火圈进行包裹，阻火圈应安装牢固	空鼓锤

续表

检查项目	检查内容	检测内容	检测标准依据	检测（工具）动作
室内水电工程 配电箱 弱电箱	排水	地漏下水	地漏下水是否顺畅	水袋
		卫生间排水管检修口	无破损、渗水、脱落现象	目测、触摸
		阳台地漏是否设置存水弯	应设置存水弯，防止返臭	目测
	强电	配电箱回路标识	强电箱回路功能标识齐全、准确	16A/10A 插座相位仪
		插座相序	插座相序正确	16A/10A 插座相位仪
		漏电保护	漏电保护器正常	16A/10A 插座相位仪
		防溅盒	防溅盒设置满足设计要求；用水区域插座应设置防溅盒	目测
		并列面板	高低差小于 0.5mm；并列部位无透底现象	扇形塞尺
		面板周边收口	面板周边无漏缝现象	手电筒
		开关启闭	启闭正常	试用
		厨房燃气管安全距离	燃气管道与插座、开关最小净距大于 15cm	卷尺
		灯具	功能区内应有灯具且亮	目测、试用
		等电位	等电位端子排厚度不应小于 4mm	游标卡尺
		等电位	等电位接地端子板的安装位置、材料规格和连接方法正确	螺丝刀
		等电位	等电位镀锌扁铁无锈蚀现象	目测
		接地	低于 1.8m 高壁灯需接地	目测
		电箱箱盖	不应变形、使用应灵活；无变形、破损	目测、试用
		面板高低差	同一功能区内面板高低差不大于 10mm	激光水平仪、卷尺
		面板观感	无破损、无漏装	目测
	弱电	智能模块	弱电箱内应有智能模块	目测
		进线	弱电箱内进线（网络、有线、电话）应齐全	目测
		弱电箱内插座	弱电箱内应有插座	目测
		弱电箱内插座	弱电箱内电源线应该套管处理，且符合规范	目测
		安防	红外幕帘是否漏设、安装松动、歪斜、破损	目测、触摸
		应急报警面板	卧室、客厅应急报警面板不应该损坏	目测、试用
		厨房可燃气体报警器	建筑内可能散发可燃气体、可燃蒸气的场所应设置可燃气体报警装置	卷尺
		电箱箱盖	不应变形、使用应灵活；无变形、破损	目测、试用
		可视对讲	线路齐全	螺丝刀
		可视对讲	底座位置预留合理	卷尺
		面板	无破损、无漏装现象	目测
饰面砖（石材）工程	墙面砖（石材）	表面质量	无明显色差、拼缝整齐，无“大小头”，勾缝饱满，无小于 1/3 的非整砖	目测
		表面质量	开关插座面板、管道周边套切整齐、光滑，无闪缝、露黑现象	目测
		铺贴质量	无断裂、破损、缺棱、爆边现象	目测、手电筒、小锤

续表

检查项目	检查内容	检测内容	检测标准依据	检测（工具）动作
饰面砖（石材）工程 墙砖验收	墙面砖（石材）	铺贴质量	无空鼓	空鼓锤
		铺贴质量	粘贴牢固无脱落	目测、手电筒
		平整度	墙面砖平整度小于 3mm	2m 检测尺、塞尺
		垂直度	墙面砖垂直度小于 2mm	2m 检测尺、塞尺
		阴阳角方正	墙面砖阴阳角方正 3mm	阴阳角尺
		相邻高低差	相邻两块砖（石材）高低差小于 0.5mm	钢直尺、扇形塞尺
	地面砖（石材）	表面质量	无明显色差、拼缝整齐，无“大小头”，勾缝饱满，无小于 1/3 的非整砖	目测、手电筒
		表面质量	表面平直、光滑，填嵌连续、密实	空鼓锤
		铺贴质量	无断裂、破损、缺棱、爆边现象	空鼓锤
		铺贴质量	无空鼓	空鼓锤
		平整度	地面砖（石材）表面平整度小于 2.0mm	2m 检测尺、塞尺
		相邻高低差	邻两块砖（石材）高低差小于 0.5mm	钢直尺、扇形塞尺
	门槛石	表面质量	表面平直、光滑，填嵌连续、密实	目测
		铺贴质量	无断裂、破损、缺棱、爆边现象	目测
		铺贴质量	无空鼓	空鼓锤
	窗台石	表面质量	表面平直、光滑，填嵌连续、密实	目测
		铺贴质量	无断裂、破损、缺棱、爆边现象	目测
		铺贴质量	无空鼓	空鼓锤
吊顶工程	石膏板吊顶	表面质量	无开裂、色差、破损、起皮、透底色差现象	目测、手电筒
		表面质量	表面平整、线条顺直、无流坠及明显涂刷痕迹	目测、手电筒
		表面质量	涂层与其他装修材料接口处收口清晰美观	目测
	铝扣板吊顶	安装质量	吊顶标高、尺寸、起拱和造型以及面板的规格、图案和颜色应符合设计要求	目测、测试
		表面质量	吊顶面板表面应洁净、平整，不得有翘曲，划伤和破损。压条应平直、宽窄一致，转角拼缝应光顺	目测、手电筒
饰面板工程	木板	表面质量	表面平整、洁净、色泽一致、无破损	目测、手电筒
		表面质量	木板上的孔洞套割吻合，边缘整齐	目测、手电筒
		立面垂直度	木板的立面垂直度 2mm	2m 检测尺、塞尺
		表面平整度	木板的表面平整度 1mm	2m 检测尺、塞尺
		阴阳角方正	木板的阴阳角方正 2mm	阴阳角尺
		接缝高低差	木板的接缝高低差 0.5mm	钢直尺、塞尺
	金属板	表面质量	表面平整、洁净、色泽一致、无破损	目测、手电筒
		表面质量	金属板上的孔洞套割吻合，边缘整齐	目测、手电筒
		立面垂直度	金属板的立面垂直度 2mm	2m 检测尺、塞尺
		表面平整度	金属板的表面平整度 3mm	2m 检测尺、塞尺
		阴阳角方正	金属板的阴阳角方正 3mm	阴阳角尺

续表

检查项目	检查内容	检测内容	检测标准依据	检测（工具）动作
饰面板工程	金属板	接缝高低差	金属板的接缝高低差 0.5mm	钢直尺、塞尺
	玻璃板	表面质量	表面平整、洁净、色泽一致、清晰美观	目测、手电筒
		表面质量	玻璃无裂纹、缺损和划痕	目测、手电筒
		立面垂直度	金属板的立面垂直度 2mm	2m 检测尺、塞尺
		阴阳角方正	金属板的阴阳角方正 3mm	阴阳角尺
		接缝高低差	金属板的接缝高低差 0.5mm	钢直尺、塞尺
涂饰工程	水性涂料	表面质量	无开裂、色差、破损、起皮、透底色差现象	目测、手电筒
		表面质量	表面平整、线条顺直、无流坠及明显涂刷痕迹	目测、手电筒
		表面质量	涂层与其他装修材料接口处收口清晰美观	目测
	溶剂型涂料	表面质量	无开裂、色差、破损、起皮、透底色差现象	目测、手电筒
		表面质量	表面平整、线条顺直、无流坠及明显涂刷痕迹	目测、手电筒
		表面质量	涂层与其他装修材料接口处收口清晰美观	目测
	硅藻泥	表面质量	无开裂、色差、破损、起皮、透底色差现象	目测、手电筒
		表面质量	表面平整、线条顺直、无流坠及明显涂刷痕迹	目测、手电筒
		表面质量	涂层与其他装修材料接口处收口清晰美观	目测
裱糊与软包工程	墙纸	裱糊要求	粘贴牢固，不得有漏贴、补贴、脱层、空鼓和翘边现象	目测、测试
		表面质量	墙纸拼花对缝无错位现象，墙纸无明显色差、裂缝、皱折	目测、手电筒
		表面质量	墙纸表面不得出现波纹起伏、气泡、斑污，斜视时应无胶痕	目测、手电筒
	墙布	裱糊要求	粘贴牢固，不得有漏贴、补贴、脱层、空鼓和翘边现象	目测、测试
		表面质量	墙布拼花对缝无错位现象，墙布无明显色差、裂缝、皱折	目测、手电筒
		表面质量	墙布表面不得出现波纹起伏、气泡、斑污，斜视时应无胶痕	目测、手电筒
	软硬包	安装质量	安装牢固，启闭灵活，无倒翘，门框与门扇的间隙均匀一致	目测、手电筒
		表面质量	无划伤、碰伤、破损及明显钉眼，开孔处平整无毛刺，无明显色差	目测
		表面质量	软包拼缝平直，无错缝等现象	目测、卷尺、楔形塞尺
		水平度	单块软包边框水平度 3mm	2m 检测尺、塞尺
		垂直度	单块软包边框垂直度 3mm	2m 检测尺、塞尺
		直线度	分隔条（缝）3mm	直尺、5m 卷线
		高低差	裁口线条结合处高低差 0.5mm	钢直尺、扇形塞尺
安装工程	家具	安装要求	柜体安装牢固、配件齐全，安装牢固	目测
			台面垫块设置合格到位、台面开孔处及拼接部位加固处理	目测、手电筒

续表

检查项目	检查内容	检测内容	检测标准依据	检测（工具）动作
安装工程 橱柜验收 木地板验收	家具	开启质量	橱柜的抽屉和柜门应开关灵活，回位正确	目测、现场试用
		表面质量	橱柜表面应平整、洁净，不得有板材及台面存在破损、变形、断裂、划伤等表面明显质量缺陷	目测、手电筒
			橱柜门板无变形、门板拼缝应高低一致、宽度一致无明显“大小头”及高低差	目测、卷尺、楔形塞尺
		安装要求	柜体安装牢固、配件齐全，安装牢固	目测
		开启质量	储柜的抽屉和柜门应开关灵活，回位正确	目测、现场试用
		表面质量	储柜表面应平整、洁净，不得有板材及台面存在破损、变形、断裂、划伤等表面明显质量缺陷	目测、手电筒
			储柜门板无变形、门板拼缝应高低一致、宽度一致无明显“大小头”及高低差	目测、卷尺、楔形塞尺
	室内门	安装质量	安装牢固，不得松动，位置应正确	目测、手电筒
		表观质量	表面洁净，无划痕、碰伤、变形、掉漆等现象	目测、手电筒
		五金配件	配件齐全无生锈破损，开关灵活	目测、现场试用
	地板、踢脚线	铺装质量	铺装牢固，无松动、地板无起鼓、异响、冒灰	目测、测试
		表面质量	表面无明显色差、划伤、破损、起皮、拼缝无明高差、踢脚线无明显钉眼等现象	目测、手电筒
		收口质量	踢脚线与地板、门套，地板与门槛石间收口平齐、密实到位	目测、手电筒
	电器	表面质量	安装牢固齐全、无松动	目测、手电筒
			表面无污染、划伤、坐便器无使用痕迹	目测、手电筒
		收口质量	交接面收口严密，不漏黑、漏缝	目测、手电筒
		安装质量	安装位置合理无明显偏位，使用无渗漏	目测、现场试用
		使用	各功能使用功能正常	现场试用
	五金、洁具	表面质量	安装牢固齐全、无松动	目测、手电筒
			表面无污染、划伤、坐便器无使用痕迹	目测、手电筒
		收口质量	交接面收口严密，不漏黑、漏缝	目测、手电筒
		安装质量	安装位置合理无明显偏位，使用正常、无渗漏	目测、现场试用
	灯具	安装质量	安装位置合理无明显偏位	目测、手电筒
		观感质量	灯具表面无污染、周边收口到位无空隙	目测、手电筒
	细部收口	留置自然缝	接缝顺直、接缝大小一致	目测
		交接收口	接槎顺直、交界面清晰、洁净	目测
		打胶收口	打胶顺直、胶缝宽度一致，胶条无断胶、开裂、起翘问题	目测
门窗工程	窗扇	窗扇配件	无遗漏	目测
		启闭	顺畅并无障碍、无异响	启闭
		窗扇保护膜	窗扇保护膜去除干净	触摸
		窗扇安装	无漏装	目测
		窗扇垂直度	垂直度误差小于 3mm	激光标线仪

续表

检查项目	检查内容	检测内容	检测标准依据	检测（工具）动作
门窗工程 门窗窗扇验收 门窗玻璃验收	窗扇	窗扇闭合透光	无透光	目测
	窗框	型材	型材表面无伤痕、变形、污染等现象	目测
		窗框型材拼缝	窗框型材拼缝小于 0.3mm	扇形塞尺
		窗框型材拼接	铝合金窗框型材拼接高低差小于 0.3mm	扇形塞尺
		窗框固定件	固定件无外露	目测
		窗框保护膜	窗扇保护膜祛除干净	触摸
		窗框垂直度	垂直度误差小于 3mm	激光标线仪
		锁点	锁点与锁扣数量、位置相对应	卷尺
		打胶	无遗漏	目测
			密封胶应粘结牢固，表面应光滑、顺直、无裂缝	目测
	锁具	配件齐全	无遗漏	目测
		安装质量	五金件固定牢固、不晃动	接触
	玻璃	玻璃规格	是否需要安全玻璃，有无安全标识	目测
		玻璃划痕	每平方米玻璃，不允许出现宽度 > 1mm 划伤；宽度 < 1mm 时，长度 ≤ 100mm 的划伤不得超过 4 条	触摸、卷尺
		玻璃内侧	中空玻璃内外表面应洁净，玻璃中空层内不应有灰尘和水蒸气	目测
		玻璃安装	玻璃安装无遗漏	目测
		打胶	玻璃外侧需打胶部位均打胶	目测
		打胶	密封胶应粘结牢固，表面应光滑、顺直、无裂缝	目测
土建工程 室内噪声验收	空间尺寸	房屋开间	开间极差小于 20mm	激光测距仪
		房屋进深	进深极差小于 20mm	激光测距仪
		房屋净高偏差	净高极差小于 20mm	激光测距仪
		房屋方正度	房屋方正性小于 10mm	五线仪、卷尺
	偏差尺寸	顶板水平度	极差小于 15mm	激光标线仪、塔尺
		地面水平度	极差小于 10mm	激光标线仪、塔尺
		“大小头”	门窗边框、门头、窗头“大小头”极差小于 10mm	卷尺
		梁柱“大小头”	极差小于 10mm（梁侧面、底面，柱侧面）	卷尺
	渗漏	墙体渗漏	房屋的墙体无渗漏、水渍	手电筒、触摸
		顶棚渗漏	房屋的顶棚无渗漏、水渍	手电筒、触摸
		空调孔洞	位置合理；无倒反坡现象	卷尺、水平尺
		外窗滴水线	滴水线宽度 10mm，滴水线无堵塞，顺直，不到边	目测、空鼓锤
	隔声	减震措施	客厅临靠电梯间隔墙应该设置隔声减震措施	声级计
		减震措施	卧室与电梯间隔声墙不应该破损	目测

续表

检查项目	检查内容	检测内容	检测标准依据	检测（工具）动作
护栏 阳台及护栏验收	尺寸	护栏高度	7 层以下高度大于 1050mm，7 层及以上大于 1100mm	卷尺
		护栏立杆间距	间距不应大于 110mm	卷尺
	安装	护栏安装	外窗窗台距楼面、地面的净高低于 0.90m 时，应有防护设施，窗外有阳台或平台时可不受此限制	卷尺
		护栏安装	与上侧梁底“大小头”小于 10mm，不松动，垂直	激光测距仪、标线仪、使用
	型材	护栏观感	护栏无变形、弯曲、锈蚀、掉漆、色差现象	目测、触摸
		护栏配件	护栏底座螺丝齐全；装饰盖帽无缺损、松动现象	触摸摇晃
	玻璃	玻璃规格	阳台护栏是否需要夹胶安全玻璃，有无安全标识	目测
		玻璃划痕	每平方米玻璃，不允许出现宽度 > 1mm 划伤；宽度 < 1mm 时，长度 ≤ 100mm 的划伤不得超过 4 条	目测、卷尺
		玻璃内侧漏气、气泡	中空玻璃内外表面应洁净，玻璃中空层内不应有灰尘和水蒸气	目测
		玻璃安装	阳台栏杆夹胶玻璃是否安装，无破损、自爆现象	目测
		玻璃打胶	阳台栏杆夹胶玻璃周边需打胶固定	目测
		打胶观感	阳台栏杆夹胶玻璃密封胶应粘结牢固，表面应光滑、顺直、无裂缝	目测、触摸
其他	保洁	室内保洁	室内无排泄物等垃圾	目测
	设计缺陷	空调孔位置	主卧室空调孔与空调电源位置应该合理	目测
		空调孔高度	卧室不低于 2200mm，客厅离地建议 150mm	卷尺
		易攀爬措施	住宅底层外窗和阳台门，下沿低于 2.00m 且紧邻走廊或公用上人屋面的窗和门，应采取防卫措施	目测
		“错、碰、漏”项检查	室内安装部件存在错误事项，室内安装部件碰撞问题，室内安装部件存在漏项	目测
	通风与空调	预留排气孔	卫生间应预留排气孔且位置合理	目测
		预留热水器排气孔	厨房间应预留燃气热水器排气孔且位置合理	目测
		单向止回阀	厨房单向止回阀叶片不灵活（变形、高度不足，高度不低于 2.2m）	目测、卷尺
		空调安装	安装牢固、管道无倒坡	目测
		空调安装	空调挂机、柜机表面无划伤、污染、变形现象	目测
		空调安装	空调风口百叶安装牢固、无变形、污染现象	目测、手电筒
		空调制冷	空调制冷情况良好	目测、红外温度仪
		供热情况	空调制热情况良好	目测、红外温度仪
		管件配备	管件配备齐全，使用正常，管件接口密封材料包裹严密	目测、手电筒

续表

检查项目	检查内容	检测内容	检测标准依据	检测（工具）动作
其他	节能	节能措施	窗地面积比是否小于 1/7，成套住宅是否有一个主空间能获得冬季日照	目测
		节能措施	卧室起居室和厨房是否设置外窗	目测
	采光	采光措施	是否采用了高性能材料来提高住宅节能保温	目测
		节能措施	住宅公共部位的照明、电梯、水泵、风机等是否采取节点措施	目测

除上节所述入户门、室内门窗功能、强弱电工程、给水排水工程、供暖工程、燃气、空调排气装置、使用面积、净高测量、噪声污染及其他查验点，还需查验内容有以下几项：

1. 室内地面工程

室内地面工程主要查验内容包括：

（1）石材、瓷砖：空鼓、水平度、平整度、色差、瑕疵、划伤、裂缝、缺棱掉角、镶贴缝隙大小、表面勾缝、成品保护等；

（2）木地板：表面情况、铺设、接缝处理、平整度、收口、缝隙处理等；

（3）踢脚线：踢脚线安装、接口、缝隙处理、平整度等。

2. 室内墙面、顶棚工程

室内墙面、顶棚工程主要查验内容包括：

（1）涂饰工程：平整度、垂直度、水平度、阴阳角、腻子、涂饰、下沉、开裂、成品保护；

（2）裱糊工程：接缝平整、顺直、阴阳角、收口处理、色差、污染、粘贴情况等；

（3）轻质隔墙：板材隔墙、玻璃隔墙、固定、平整度、垂直度、隔声、防潮等；

（4）软包工程：安装、面料、表面情况、边框处理等。

3. 厨房

厨房主要查验内容包括：

（1）整体橱柜：柜体、柜门、台面、厨房套件、墙面挂件、水槽、灶台配件、管道、缝隙处理；

（2）墙、地面镶贴：镶贴、空鼓、水平度、平整度、成品保护、勾缝、地面排水坡度、积水、渗漏（先询问是否做过防水）等。

4. 卫生间

卫生间主要查验内容包括：

（1）洁具及配件：卫生器具的品牌、规格、成品保护、渗漏、配件安装、固定、胶封情况等；

（2）墙、地面镶贴：镶贴、空鼓、水平度、平整度、成品保护、勾缝、地面排水坡度、积水、渗漏等。

5. 建筑电气工程

建筑电气工程查验内容包括灯具数量、安装情况、与顶棚接合处理、表面防护措施等。高度是否规范，卫生间、非封闭阳台是否采用 IP54 电源插座。

6. 吊顶工程

吊顶工程主要查验内容包括：表面平整度、接缝情况、收口处理、固定情况、石膏线、灯槽安装等。

7. 涂饰工程

涂饰工程主要查验内容包括：平整度、涂层表面、批刮腻子、裂缝、流坠、砂痕等。

8. 门、橱柜集成家居设备

门、橱柜集成家居设备主要查验内容包括：

（1）实木门：表面、框扇安装、垂直度、开启、门窗套、门合页、锁具、门吸、漆膜等；

（2）移门：门表面、轨道安装、固定、门扇开启、配件安装等；

（3）橱柜：橱柜安装固定、垂直度、水平度、成品保护，抽屉、柜门开关、五金配件等。

7.6　二手房验收标准及动作

在二手房验收中，共有 6 个检查项目，分别是文件清单、房屋主体结构及外观、设施设备、室内空间改动、私搭乱建、配套设施及家具家电等 25 个分项工程，具体检查内容、检查标准及依据和检测（工具）方法参照表 7.6 二手房验收标准及动作表。

二手房验收标准及动作　　表 7.6

检查项目	检查内容	检测项目	检测标准	检测动作
文件清单	《不动产产权证书》	基本信息	核实产权证书上的信息与实际情况是否一致	核对证书信息
	《住宅使用说明书》	登记信息	登记信息与证书一致	观察
	《住宅质量保证书》	基本信息	检查文件是否完整，内容是否准确	阅读说明书内容
	《房屋面积测绘报告》	基本信息	验证保证书的有效性和内容准确性	核对保证书内容
	水、电、燃气、物业费等缴费凭证及过户手续证明	基本信息	确认测绘报告的准确性	核对测绘报告数据
房屋主体结构及外观	开裂	开裂	检查墙面、地面是否有裂缝	观察
	后开孔	后开孔	检查墙面、梁是否有未经允许的后开孔	观察
	渗水	渗水	检查是否有渗水痕迹	观察
	隔声	隔声	测试室内隔声效果	声级计
	沉降	沉降	检查地面是否平整，有无沉降	观察
	门窗	玻璃	检查玻璃是否有破损、漏气、水雾	观察
		窗框	检查窗框是否牢固，有无损坏	检查窗框结构
		窗扇	检查窗扇是否开关顺畅	操作窗扇

续表

检查项目	检查内容	检测项目	检测标准	检测动作
房屋主体结构及外观	门窗	门框	检查门框是否牢固，有无损坏	检查门框结构
		门扇	检查门扇是否开关顺畅	操作门扇
		锁具	检查锁具是否完好，功能是否正常	测试锁具
	外墙涂料	外墙涂料	检查涂料是否均匀，无开裂，无脱落	观察
	外墙线条	外墙线条	检查线条是否完整，无损坏	观察
	屋面构件完整	屋面构件完整	确认屋面结构是否完整无损	观察
设施设备	水	水	检查水管是否漏水，水压是否正常	观察
	强电	强电	检查水管是否漏水，水压是否正常	测试插座和开关
	弱电	弱电	检查电话线、网络线是否正常	测试通信线路
	燃气	燃气	检查燃气管道是否安全，无泄漏	检查燃气设备
	消防系统	消防系统	确认消防设施是否完备且可用	检查消防设备
	节能	节能	检查节能设施是否符合标准	观察
	智能化	智能化	检查智能化设备是否能正常使用	观察
室内空间改动	结构改造	结构改造	确认房屋原始结构是否被改动	观察
	阳台封闭	阳台封闭	确认阳台是否合规封闭	观察
私搭乱建	私搭乱建	私搭乱建	确认房屋周围是否有违法搭建的建筑物或设施	观察
配套设施及家具家电	清点附送物品	清点附送物品	核对前任业主承诺赠送的家具家电等设施，确保数量、品牌、规格与约定是否相符	观察

7.7 公共区域及消防设施验收标准及动作

7.7.1 公共部位验收标准及动作

在公共部位验收中，将公共部位按公区入口、公区装饰、安装设施、地下室划分，主要检查项目依次为单元门禁、信报箱、大堂前厅涂料、大堂前厅墙地砖（石材）、电梯厅强弱电、电梯厅涂料、电梯厅墙地砖（石材）、公用楼梯间、消防设施、水电管井、电梯、地下室、机电及配电房等分部工程，具体检查标准、检测工具方法参照表 7.7.1 公共部位验收标准及动作表。

公共部位验收标准及动作表　　表 7.7.1

检查项目	检查内容	检查标准及依据	检测（工具）方法
公区入口	单元门禁	门禁和对讲功能是否能正常使用	现场试用
		表面无破损、划伤	目测
		收口应美观、安装应方正	目测
		无污染	目测

续表

检查项目	检查内容	检查标准及依据	检测（工具）方法
公区入口	信报箱	箱门开启正常	现场试用
		安装牢固、无破损和变形	目测
		信报箱张贴不干胶纸	目测
		收口应美观、缝宽应均匀，无生锈	目测
公区装饰	大堂前厅涂料	涂料无发霉、泡水问题	目测
		涂料无鼓包、起皮和脱落	目测
		墙面涂料无开裂	目测、手电筒
		阴阳角应顺直、方正	标线仪、阴阳角尺
		油漆涂刷均匀，无修补色差	目测、手电筒
		墙面表面平整	目测、手电筒
		涂料表面光滑、平整	目测、手电筒
		涂料表面无流坠和砂痕	目测、手电筒
		交接部位收口顺直	目测
		前厅墙面涂料无涂鸦描画	目测
		墙面无污染	目测
	大堂前厅墙地砖（石材）	瓷砖石材无断裂、脱落	目测
		无空鼓、开裂	目测
		无破损、划伤	目测
		前厅墙地砖（石材）贴不干胶纸	目测
		接缝部分应平整	手摸、钢直尺、扇形塞尺
		墙地砖（石材）接缝打胶顺直	目测
		缝隙宽度均匀、顺直	目测
		交接部位收口美观	目测
		石材表面镜面处理	目测
		勾缝应饱满，无漏勾缝、粗糙和异缝	目测
		勾缝剂无污染	目测
	电梯厅强弱电	面板与墙面应进行打胶处理	目测
		强/弱电箱空开无短缺和盖板缺失	现场试用
		强弱电箱控制面板、等位电箱安装、连接完好	现场试用
		使用功能正常	现场试用
		并列面板无划伤、破损	目测
		面板安装牢固，无松动和歪斜	目测
		吸顶灯罩内清理干净、灯泡照明正常	目测、现场试用
		并列面板无高低差	目测、钢直尺、扇形塞尺
		开关面板与墙面收口美观	目测
		无污染	目测
	电梯厅涂料	无发霉和泡水	目测

续表

检查项目	检查内容	检查标准及依据	检测（工具）方法
公区装饰	电梯厅涂料	涂料无鼓包、起皮和脱落	目测
		墙面涂料无开裂	目测
		油漆涂刷均匀，无修补色差	目测
		墙面表面平整，涂料表面光滑	目测
		交接部位收口顺直	目测
		阴阳角顺直、方正	激光标线仪、阴阳角尺
		电梯厅墙面涂料无涂鸦描画	目测
		涂料无流坠、砂痕	目测
	电梯厅墙地砖（石材）	瓷砖石材无断裂、脱落	目测
		无空鼓、开裂	空鼓锤
		无破损、划伤	目测
		电梯厅墙地砖（石材）贴不干胶纸	目测
		接缝部位无高低差	钢直尺、扇形塞尺
		石材表面镜面处理	目测
		勾缝饱满、无漏勾缝、粗糙和异缝	目测
		缝隙顺直、宽度均匀	目测
		交接部位收口应美观	目测
		无污染	目测
	公用楼梯间	无渗漏	目测
		无破损、开裂、变形、掉漆	目测
		照明灯具使用正常	目测
		楼梯间墙面无涂鸦描画	目测
		防火门无磕碰、无明显修补痕迹、门窗周边收口美观	目测
		阴阳角顺直、墙、地、顶平整	目测
		灯具开关安装端正，无电线外露	目测
		无破损、开裂、变形和掉漆	目测
		无破损和划伤	目测
		地面和墙面无污染	目测
安装设施	消防设施	管道无渗漏	目测
		消防管道顶层末端水压大于 0.5kg	现场试用
		灭火器功能正常	目测
		消防设施设备涂料无污染、收口美观	目测
		箱门面板无破损，安装端正	目测
		无污染	目测
	水电管井	管井内部无渗漏	目测

续表

检查项目	检查内容	检查标准及依据	检测（工具）方法
安装设施	水电管井	桥架防火封堵完好	目测
		水电井内吊顶遮盖	目测
		管井内墙面、地面平整，无积水	目测
		照明功能使用正常	目测
		水表和电表标识清晰	目测
		无污染	目测
	电梯	1. 使用正常； 2. 消防电梯不满足消防联动迫降功能	现场试用
		无破损	目测
		外召面板固定牢固，轿厢无磕碰变形、破损	现场试用
		电梯基坑无渗漏和积水	目测
		监控、通风、五方通话、照明功能正常	现场试用
		门套、面板收口顺直	目测
		面板安装端正、运行无异响	现场试用
		无划伤	目测
		无污染、保洁清理干净	目测
地下室	地下室	无渗漏	目测
		道闸使用功能正常	现场试用
		照明灯具使用功能正常	现场试用
		管道桥架无生锈，防火封堵密实	目测
		墙面、地面无开裂	目测
		指引、标识清晰且处于明显位置	目测
		刷卡道闸设置合理	目测
		地面、排水沟无积水	目测
		排水设备运行正常	现场试用
		管道桥架安装横平竖直	目测
		车位编号及划线清晰、顺直	目测
		涂料无色差、阴阳角顺直、墙面平整	目测
	机房及配电房	通风设施安装完善	现场试用
		测试市电与自备电源互锁及切换功能正常	现场试用
		布线、走线清晰	目测
		设有减震降噪措施	目测
		控制标识明显	目测
		设备接地保护连接	目测
		设备房墙地面平整	目测
		机房内无垃圾	目测
		机房内照明充足	目测
		无污染	目测

7.7.2 园林景观验收标准及动作

在园林景观的验收中，将园林景观按照软景和硬景进行划分检查内容，在软景中主要检查乔木、灌木、草坪、种植土壤，在硬景中主要检查车行路面、出入口、硬质铺装、排水系统（井盖/箅子/排水沟）、灯具、消火栓、园区设施，具体的验收内容、验收标准及检查动作参照表 7.7.2 园林景观验收标准及动作表。

园林景观验收标准及动作表　　表 7.7.2

检查项目	检查内容		验收标准	检查动作
软景	乔木	外观质量	无过度修剪和破坏树形，截干少于 3 级分支	目测
			无枯萎、枯死	目测
			乔木树皮无损伤（按截面周长长度 1/10）	目测、尺量
		支撑标准	1. 重点位置大乔木应使用铁架四角支撑； 2. 胸径 10cm 以上的乔木采用井字架杉木四角支撑； 3. 胸径 10cm 及以下的采用杉木“两/三角支撑”； 4. 固定方式应美观、牢固、井字架水平一致、三角支撑撑开角度均一致、支撑杆干径一致、绑扎物美观。不损坏树木，绑扎处应加衬软垫	目测、尺量
		乔木种植位置	1. 乔木冠幅边缘与住户阳台/门窗间距不小于 5m； 2. 乔木林下枝干不妨碍道路通行； 3. 乔木种植位置综合考虑高杆灯、监控安装杆斜，影响其使用功能； 4. 列植、对称种植乔木顺直、整齐有序	目测
		乔木种植工艺	1. 种植深度合理，既能符合树种生长要求，又能兼顾树穴的弱化或美化； 2. 土球不外露，种植前除去土球包裹物； 3. 树干或树木重心与地面基本垂直（除特殊效果要求外）； 4. 低洼地、车库顶板等易积水部位有排水孔，树穴无泡水或积水现象。名贵树木或大乔木设置观察孔，避免树穴泡水或积水	目测
		树坑	1. 树穴收口整齐美观，形式统一； 2. 位于地被、绿篱、色块内的树穴，用植物进行遮挡、隐蔽等弱化处理； 3. 不具备弱化处理条件的需进行美化处理； 4. 位于草坪中的树穴，采用草皮以外的材料进行美化的（如陶粒、卵石、树皮、盆栽、假草皮等），应注意草坪留口尺寸一致，且覆盖物应排布整齐、美观	目测
		修剪效果	1. 修剪及时、修剪措施合理，树形保持完整； 2. 蘖生枝芽、内堂枝、重叠枝、交叉枝、下垂枝、腐枯枝、病虫枝、徒长枝、衰弱枝和损伤枝及时修剪、伤口采用伤口愈合剂涂抹保护处理（细小枝条可不涂抹）	目测
		维护	1. 缠干、遮阴、喷雾等促进成活措施及时有效； 2. 成品保护到位，防止新的损伤	目测
	灌木	外观质量	灌木、地被上摆设移动盆栽、时花种植繁茂，无枯死	目测
		乔木种植位置	1. 灌木、绿篱定位应兼顾高杆灯、草坪灯以及监控设备的定位以及建筑门窗开启、采光，不影响正常使用功能； 2. 不影响人行道正常通行； 3. 植物组团在车道转角处不妨碍视线，不造成安全隐患； 4. 色块绿篱造型完整，注意综合“排版”，保证绿篱地被造型不被井盖、树穴打断； 5. 放线符合最终版施工图纸要求，自然、美观	目测

续表

检查项目	检查内容		验收标准	检查动作
软景	灌木	乔木种植工艺	1. 种植时，需去除土球包裹物，种植后无土球外露； 2. 苗木枝干或重心应与地面基本垂直（特殊要求的除外）； 3. 苗木种植密度均匀，垂直向下观察无明显露土； 4. 轮廓线、可见侧立面苗木植株应种植匀称、整齐、密实，造型宽窄统一	目测
		修剪标准	1. 规则种植灌木、绿篱顶面或侧立面修剪应平整、棱角分明； 2. 不同品种之间应有明显分界线； 3. 造型修剪，应层次清晰。线条造型丰满，直线部位顺直，曲线部位圆顺，直线曲线过渡自然； 4. 修剪高度合理，不妨碍草坪灯照明功能	目测
		维护	1. 成品保护、养护：成品保护措施到位，无明显踩踏、破坏痕迹； 2. 无明显的病虫害、及时除虫	目测
	草坪	外观质量	1. 草坪无大面积的枯黄，无明显枯死； 2. 草坪整体颜色一致； 3. 无面积大于 20cm × 20cm 的斑秃露土及枯黄、枯死现象	目测、尺量
		草皮质量	1. 草皮卷、草块尺寸大小均匀、完整不破碎； 2. 草株分布均匀，草心鲜活，无明显病虫害，无杂草，颜色均匀； 3. 无面积大于 5cm × 5cm 的斑秃露土及枯黄、枯死情况； 4. 草皮根系附着土层厚度合理，根系无严重损伤； 5. 附着土壤厚薄均匀一致，无中间厚边缘薄或边缘厚中间空的现象； 6. 根系附着土壤无严重散落	目测、尺量
		草坪铺设	1. 草皮卷铺植方向一致，密缝铺植，不允许间铺； 2. 草坪内不留缝、不露土； 3. 铺植完成后进行有效碾压，使草皮与基层结合紧密。完成后平整自然、无凹坑积水，无局部凸起； 4. 大面铺植不允许使用碎草皮、枯黄草块、厚度偏差太大的草块； 5. 边角特殊形状必须切割，不允许手撕； 6. 草坪边缘外轮廓线整齐清晰，与树穴、绿篱、地被衔接紧密，边缘线清晰； 7. 与道路交界处切边平整流畅、不露土，无泥土污染	目测
		草坪养护	1. 生长季节铺植 30 天以上的草坪平整，步感好。修剪及时，留草高度合理（5～7cm）； 2. 草坪颜色鲜活，草坪平顺自然、无明显凹坑积水； 3. 成品保护到位，无踩踏、破坏痕迹； 4. 无垃圾、石块等杂物、无杂草和病虫害症状	目测、尺量
	种植土壤	种植土壤	1. 灌木草坪土壤内埋置泥炭土肥料； 2. 土壤内无石块、建筑垃圾； 3. 种植土壤回填碾压平整； 4. 种植土壤无裸露	目测、尺量
硬景	车行路面	车行路面	1. 路面无开裂、破损； 2. 车行铺装路面厚度大于 4.5cm（开挖检查）且完工（含画行车标识线）； 3. 路面平顺，无积水（积水厚度 < 10mm 不计入）； 4. 沥青路面交接部位接槎平顺、路牙石无破损； 5. 行道线划线顺直； 6. 直线段路牙石无高低差（高低差 < 5mm 不计入）； 7. 路面无明显污染	目测、尺量

续表

检查项目	检查内容		验收标准	检查动作
硬景	出入口	出入口	1. 设施无破损； 2. 设施齐全、使用功能正常、道闸设置位置合理； 3. 线条横平竖直、无色差和掉漆； 4. 刷卡道闸部位应设置遮雨棚、人车分流	目测、尺量
	硬质铺装	硬质铺装	1. 硬质铺装表面无积水、返碱和沉降； 2. 木制平台钉眼顺直、无色差，每 25m^2 范围内无破损； 3. 硬景高于软景基底 30mm 或设置排水沟； 4. 铺装无松动； 5. 消防登高操作面长/宽满足要求，无被占有现象（除易移动摆设外）； 6. 无明显污染	目测、尺量
	排水系统（井盖/箅子/排水沟）	排水系统（井盖/箅子/排水沟）	1. 排水系统设置位置合理，无跨软硬景设置现象； 2. 无变形和破损； 3. 室外回填土低于室内地面； 4. 井盖箅子应铺贴假草皮、铺缀卵石遮盖； 5. 硬装处收口顺直、放置平整； 6. 井壁无外露、井盖与绿化平顺； 7. 无污染、锈蚀和涂鸦	目测
	灯具	灯具	1. 立杆固定牢固、垂直； 2. 灯泡使用正常； 3. 固定螺栓应作防锈处理； 4. 无污染、涂鸦	目测
	消火栓	消火栓	1. 消火栓无破损，通水正常； 2. 底座高出周边硬质铺装或软景； 3. 无变形和锈蚀	目测
	园区设施	园区设施	1. 设施使用正常； 2. 设施零件齐全； 3. 游乐设施安全措施齐全； 4. 塑胶地面平整，无鼓包； 5. 设施松动固定牢固； 6. 设施油漆光滑； 7. 娱乐设施无磕碰、划伤、掉漆； 8. 设施无污染	目测

7.7.3 消防设施验收标准及动作

在消防设施验收中，将消防设施按消防报警系统、疏散指示标识及应急照明、灭火系统和消防联动功能等分部工程，具体检查标准、检测工具方法参照表 7.7.3 消防设施验收标准及动作表。

消防设施验收标准及动作表 **表 7.7.3**

检查项目	检查内容		验收标准	检查动作
消防报警系统	烟感、温感传感器	安装	点型感烟、感温火灾探测、可燃气体探测器的安装符合规范要求，安装位置端正，防护罩全部拆除	观察
		功能测试	烟感吹烟测试启动消防联动	吹烟测试
			用烟头近烤测试消防报警联动功能	近烤测试

续表

检查项目	检查内容		验收标准	检查动作
消防报警系统	消防广播系统	广播	每个防火分区设置火灾警报装置，其位置符合规范要求	观察
		应急通话	设置消防专用电话分机或电话塞孔	观察
			消防控制室、消防值班室或企业消防站等处，设置可直接报警的外线电话	测试
	消防中控室	布置	入口处有明显的标识	观察
		观感	回风管在其穿墙处设置防火阀	观察
			室内电气线路及管路整齐，布置合理	观察
			周围出现电磁场干扰较强及其他影响消防控制设备工作的设备用房	观察
			室内设备的布置符合要求，UPS 工作正常	观察
疏散指示标识及应急照明	应急照明及疏散系统	安装	疏散指示灯线缆外露时必须设置金属软管保护	观察
			应急照明设备标识明确清晰，位置合理	观察
			声光报警器及消防手报按钮无安装歪斜、破损现象	观察
			疏散导向及安全出口指示灯安装有效合理	观察
			应急照明灯切换后能长明	观察
			易燃易爆设备机房应安装防爆灯	观察
	防火卷帘	安装	安全出口处设置标识	观察
			消防疏散标志标识清晰，指示正确，无损坏、缺失等	观察
			消防箱、消火栓标识齐全，无损坏、缺失等	观察
			防火卷闸应设置警告标识、消防疏散图等	观察
		功能测试	防火卷帘手动升降功能正常，位置明显	测试
	防排烟系统	地上部分（含走火通道、消防前室）	风机安装符合规范要求，防火阀设置合理	观察
		地下部分	按设计图纸及规范要求设置防排烟设施	观察
灭火系统	室外消火栓	安装	室外消火栓设置检修阀门	观察
			室外消火栓设置符合规范要求；寒冷地区设置的室外消火栓有防冻措施	观察
			室外消火栓沿道路敷设，设置符合规范要求；距一般路面边距离不大于 5m，距建筑物外墙距离小于 5m	观察、尺量
			地上式消火栓的大口径出水口设置合理，面向道路；地下式消火栓有明显标识	观察
	室内消火栓	安装	建筑室内消火栓（阀门）等设置地点设置永久性固定标识；消火栓管道上的阀门处于打开状态，有明显的启闭标识或信号	观察
			室内消火栓位置设置合理，处于明显位置，且安装垂直、启闭正常，消火栓内配件齐全	观察
	喷淋系统	安装	无保护盲区，自喷系统的喷头无被风管、梁等遮挡现象，自喷系统的喷头应朝上布置	观察

续表

检查项目	检查内容		验收标准	检查动作
消防联动功能	防火卷帘	联动测试	防火卷帘联动功能正常	联动测试
	门禁	联动测试	门禁连锁解除功能正常	联动测试
	应急广播	联动测试	应急广播语音提示播放功能正常	联动测试
	风机	联动测试	风机联动正常	联动测试
	电梯	联动测试	电梯归首功能正常	联动测试
	应急照明	联动测试	应急照明电源照明正常	联动测试
	声光报警器	联动测试	声光报警器联动正常	联动测试
	电源	联动测试	火警发生时切非功能正常、消防电源功能正常	联动测试

第 8 章

信息化工具使用

在传统的验房工作中，验房师通过笔、纸、相机记录缺陷问题，回到办公室把记录的问题逐条录入电脑，然后在电脑上编辑整理形成一份验房报告。这个过程效率不高，尤其是编制一份图文并茂的验房报告，需要整理大量的照片，将照片与问题一一对应，并调整照片的大小与样式，以方便打印。撰写一份这样的报告通常需要 1 到 2 个小时。同时笔纸记录数据容易遗失或出错。

8.1　交楼验房软件

“交楼验房”是一款专为验房师设计的验房工具软件。“交楼验房”软件由安装在智能手机上的 App（Application 的简称）应用和在 Web 端的后台管理网站组成。它具有以下特点：

1. 高效便捷

验房师无须笔纸、相机等工具，只需携带智能手机或平板电脑，就可以高效便捷地录入验房缺陷资料。软件本身内置了常见问题描述，通过点击方式即可完成录入。

2. 图文并茂

验房师可以通过智能手机或平板电脑的拍照功能记录缺陷，照片与问题一一对应，可以方便地生成图文并茂的验房报告。

3. 精准定位

可以在户型图上标记缺陷，清晰展现缺陷位置，便于修复时快速定位。

4. 验房标准明确

软件内置了专业的精装、毛坯检查标准，还支持用户自定义检查标准。提供检查指导书，详细说明检查方法、操作过程、注意事项等，兼具验房师学习与培训功能。

5. 自动生成验房报告

在 Web 后台，可以自动生成专业、详尽的验房报告，省时省力，并且支持多种报告模板。

6. 管理功能丰富

支持在线派单、报告审核、工作量统计等管理功能。

此外，一些验房公司间也通过一些“QQ 群”“圈子”“联盟”“高峰论坛”等形式开始建立松散的交流联系机制，一起讨论专业技术及行业发展等问题，以求共同推动行业健康发展。

8.2 内部验房流程介绍

验房流程主要分为三个阶段：计划阶段、查验阶段与关闭阶段。计划阶段的主要任务是确定项目基本信息和配置软件；查验阶段的主要任务是问题的录入和承建方接单维修，关闭阶段的主要工作任务是问题消项闭环（图 8.2）。

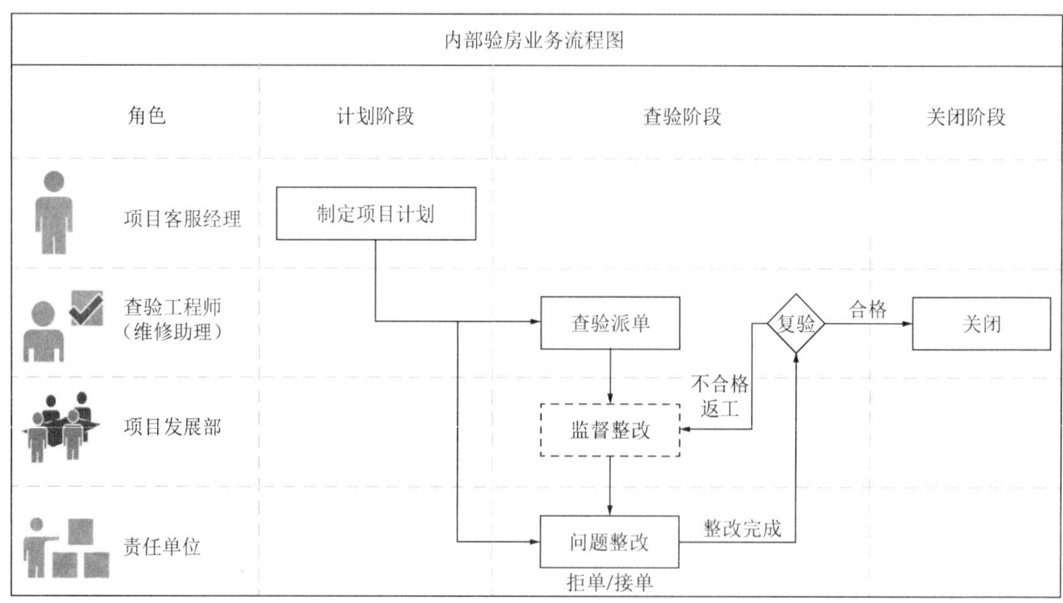

图 8.2　验房业务流程图

8.2.1 计划阶段

计划阶段的主要任务：新增检查计划，导入承建商，添加承建商人员账号，登记查验工程师账号，录入项目基本信息，楼栋列表，检查标准指引，流程配置。

8.2.2 问题录入

问题录入共分为 3 步：第一步先下载 App，第二步下载查验计划，第三步查验。

1. 下载 App

通过扫描二维码下载验房 App，下载完成后登录工程师账号，完成注册工作（图 8.2.2-1）。

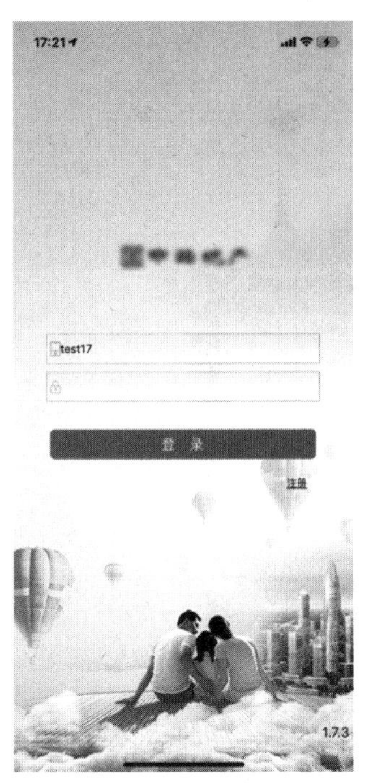

图 8.2.2-1　App 下载示意图

2. 下载查验计划

注册完成后→在主页面寻找内部验房图标→点击进入→下载任务和记录后→进入查验工作（图 8.2.2-2）。

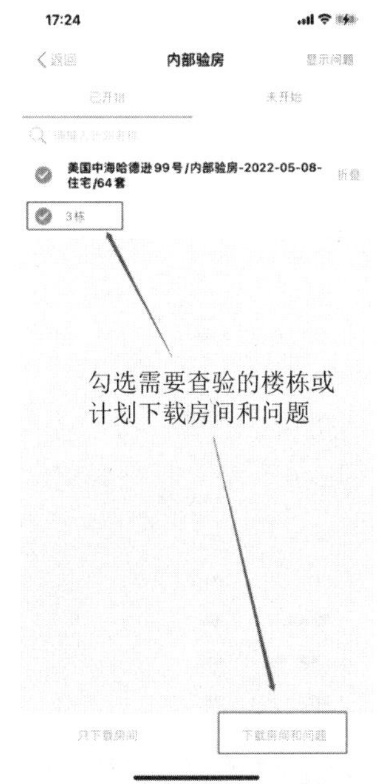

图 8.2.2-2　App 查验计划下载示意图

3. 查验

根据当日工程派单或接单户数选定 App 房号进行查验（图 8.2.2-3）。

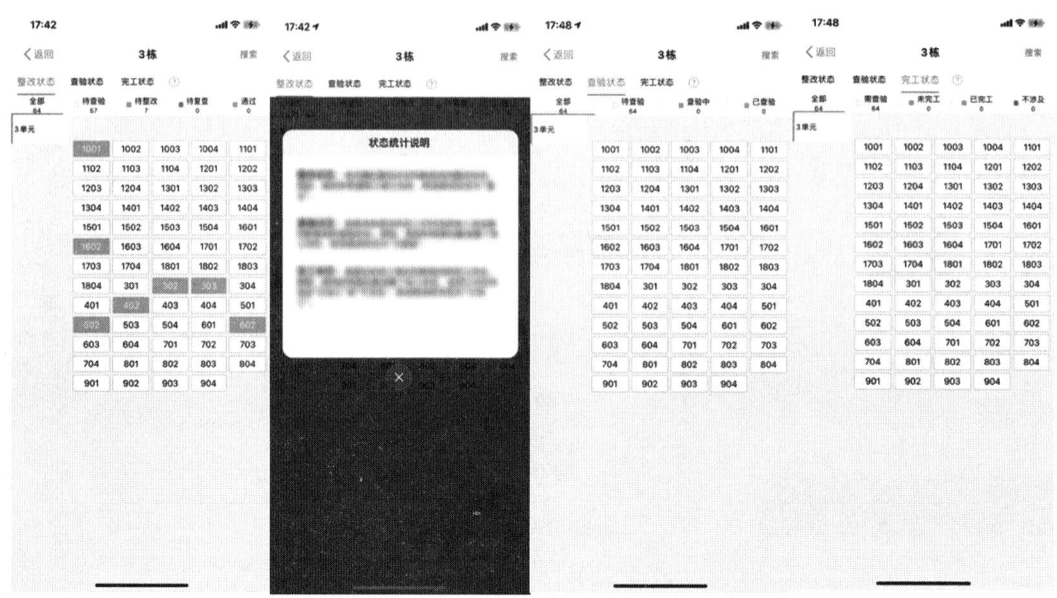

图 8.2.2-3　选择查验房间示意图

8.2.3　录入问题

按本书上述查验方法和检查内容对房屋户内进行查验，按 App 内功能分区、部位、问题类型、问题描述、方位、责任单位的顺序进行问题录入（图 8.2.3）。

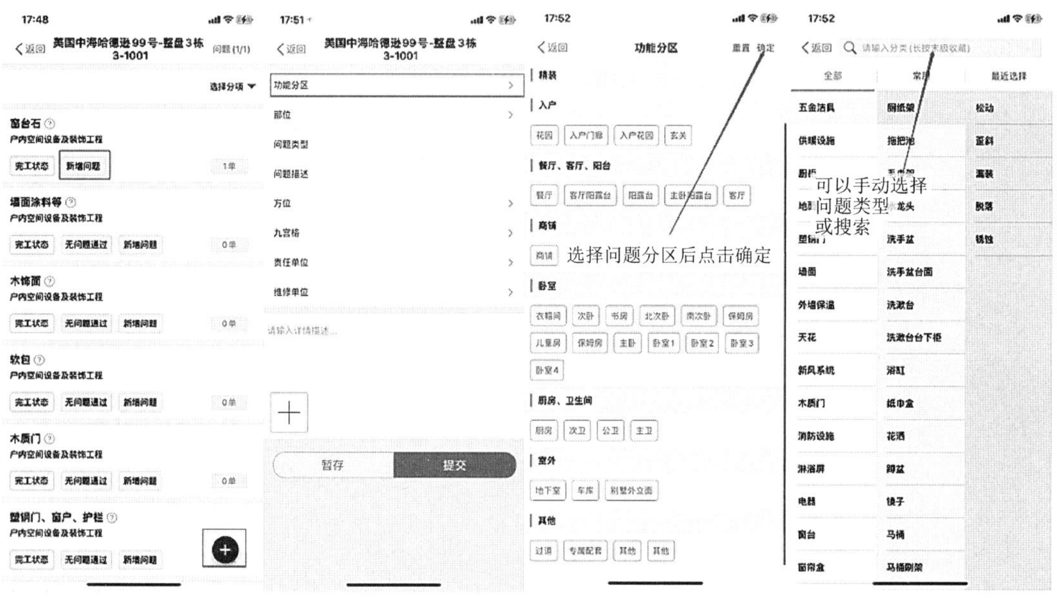

图 8.2.3　App 内录入问题示意图

8.2.4　提交

问题录入完成后、点击提交问题，在问题列表内可以查看问题详情（图 8.2.4）。

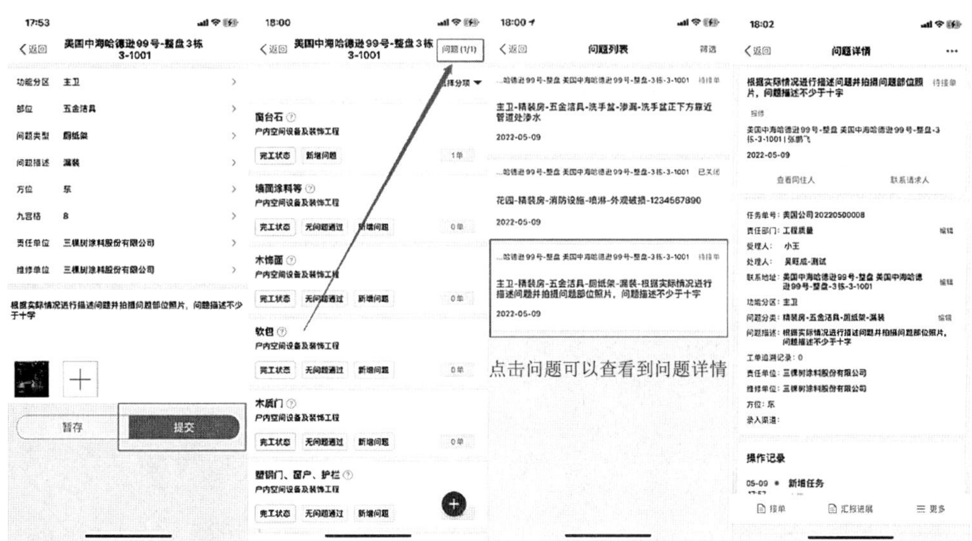

图 8.2.4　App 内提交查验结果示意图

8.2.5　承建方接单

（1）承建方接单流程

首先下载承建商“项目协同平台”App-登录→点击应用→维修整改→下载离线应用包→全部下载（图 8.2.5-1）。

图 8.2.5-1　承建方接单示意图

（2）查看问题及接单

点击维修整改→查看承建商账号范围内的问题工单→点击待接单→可以查看到待接单列表进行接单/拒单→点击对应问题可查看问题详情进行接单/拒单（图 8.2.5-2）。

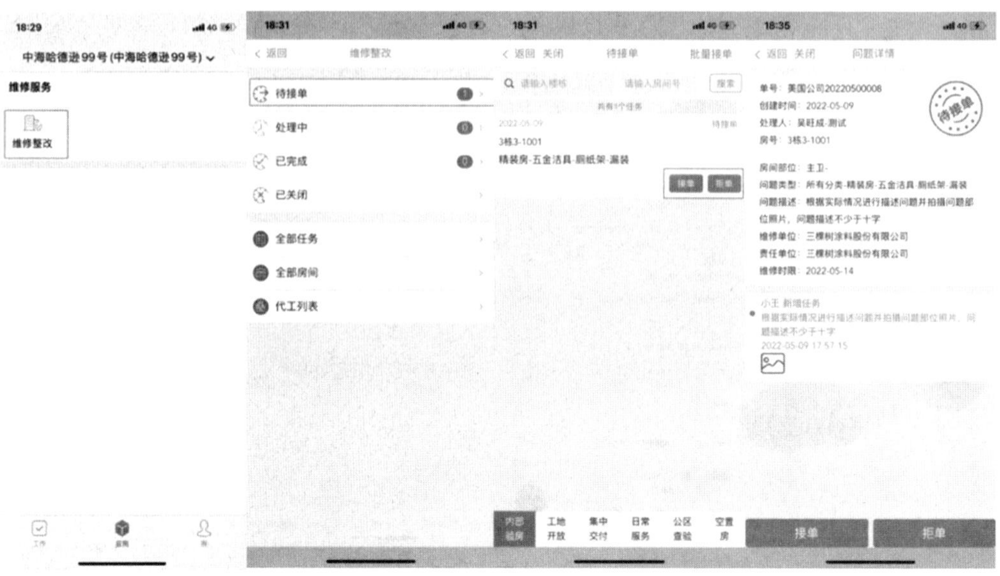

图 8.2.5-2　App 内查看问题情况示意图

（3）问题整改及消项

查看接单问题→点击汇报进展/整改完成/拒单→汇报问题维修进展/上传整改完成照片（图 8.2.5-3）。

图 8.2.5-3　App 内查看问题维修情况示意图

8.2.6　问题消项

点击查验计划→选择对应楼栋进行查验→点击房间→问题列表（图 8.2.6-1）。

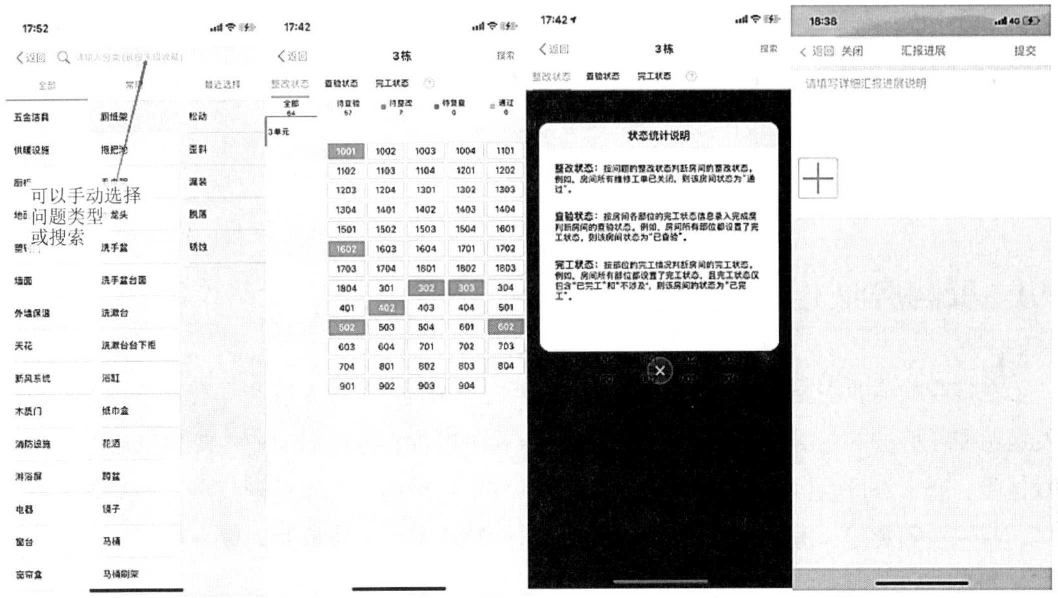

图 8.2.6-1　App 内问题消项示意图

点击对应问题可以进入问题详情/直接点击复查合格→填写复查意见上传复查合格照片（图 8.2.6-2）。

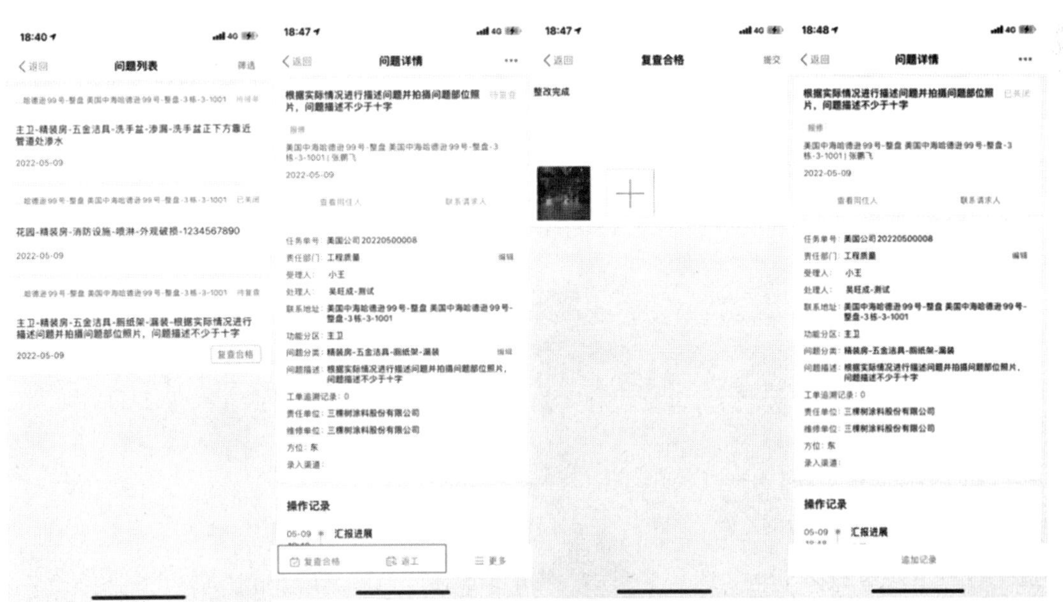

图 8.2.6-2　App 内消项示意图

第9章

验房报告

9.1 受购房业主委托验房报告

在接受购房业主委托验房后，应在1～3天内将编写、审核完成和具有签章的验房报告发送给委托验房的购房业主，可以发送电子版验房报告，也可以向业主邮寄纸质版本的验房报告。通常一份验房报告由7个章节组成，分别是封面、房屋基础信息、检测仪器及工具、常用检测规范、房屋检测数据分析、房屋检测情况、主要检测问题分析。

检测验收报告

工程地点：______________________________

委托方：______________________________

检测日期：______________________________

报告日期：______________________________

一、房屋基础信息

工程地点			
委托方			
开发单位			
房屋结构		房屋类型	
装修程度		楼层	
检测单位		检测人员	

二、检测仪器及工具

无人机、激光标线仪、激光测距仪、A6 钢筋位置测定仪、回弹仪、专业相位仪、专业空鼓锤、T 形锤、对角检测尺、2 米折叠靠尺、楔形塞尺、检测镜、钢针小锤、卷线器、游标卡尺、5 米钢卷尺、磁铁石、梯子等。

三、常用检测规范

1)《购房合同》

2)《住宅设计规范》GB 50096—2011

3)《民用建筑设计统一标准》GB 50352—2019

4)《住宅建筑规范》GB 50368—2005

5)《地下防水工程质量验收规范》GB 50208—2011

6)《混凝土结构工程施工质量验收规范》GB 50204—2015

7)《建筑地面工程施工质量验收规范》GB 50209—2010

8)《砌体结构工程施工质量验收规范》GB 50203—2011

9)《屋面工程质量验收规范》GB 50207—2012

10)《建筑装饰装修工程质量验收规范》GB 50210—2018

11)《住宅装饰装修工程施工规范》GB 50327—2001

12)《建筑电气工程施工质量验收规范》GB 50303—2015

13)《建筑给水排水及采暖工程验工质量验收现范》GB 50242—2002

14)《建筑工程施工质量验收统一标准》GB 50300—2013

15)《建筑物防雷设计规范》GB 50057—2010

16)《建筑玻璃应用技术规程》JGJ 113—2015

17)《夏热冬冷地区居住建筑节能设计标准》JGJ 134—2010

18)《建筑节能工程施工质量验收规范》GB 50411—2019

19)《江苏省住宅工程质量验收分户规程》DGJ32TJ 103—2010

20)《车库建筑设计规范》JGJ 100—2015

21)《建筑内部装修防火施工及验收规范》GB 50354—2005

22)《建筑节能工程施工质量验收标准》GB 50411—2019

四、房屋检测数据分析

检测数据统计：

1. 问题空间分布统计

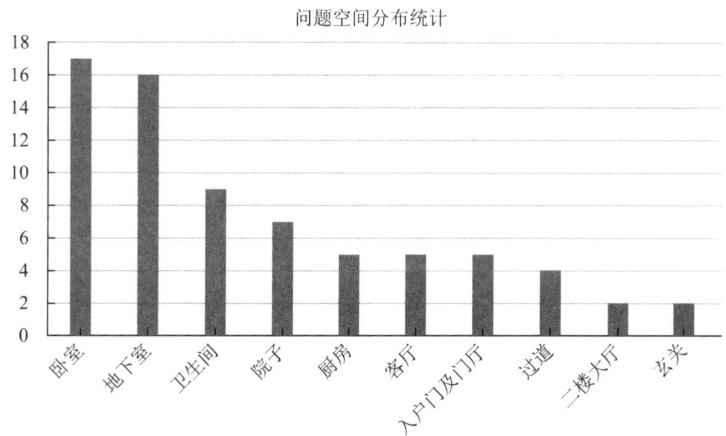

2. 问题分类统计

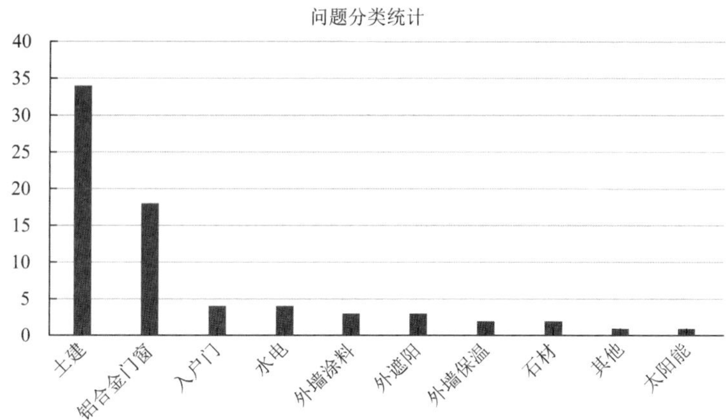

五、房屋检测情况

序号	功能间	问题描述	照片
1	入户门及门厅	1. 一楼北入户门门扇上口插销开启不畅 2. 一楼北入户门厅上口西侧石材断裂	

续表

序号	功能间	问题描述	照片	
1	入户门及门厅	3. 一楼南进口门锁未安装 4. 一楼南进户门扇闭合松动 5. 一楼北入户门厅西墙保温板破损		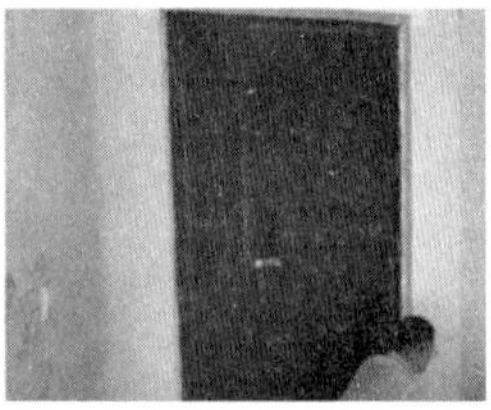
2	厨房	1. 一楼厨房东墙下口墙体空鼓 2. 一楼厨房间北墙东侧阴角墙体空鼓 3. 一楼厨房间窗户外开，后期安装橱柜台面后，使用不方便		
		4. 一楼厨房间南墙门洞口墙体空鼓 5. 一楼厨房间西侧地面空鼓		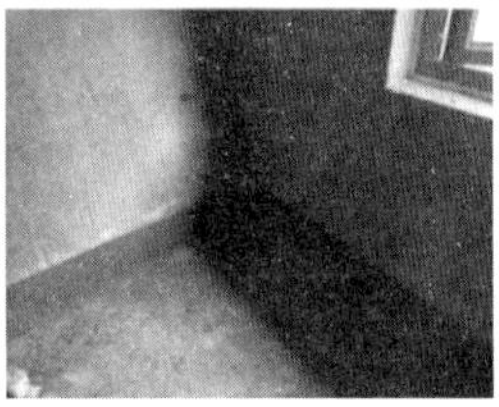
		6. 二楼大厅强电箱盖板破损 7. 二楼客厅窗户外侧打胶开裂		
3	玄关	1. 一楼玄关强电箱盖破损 2. 一楼玄关弱电箱无电源插座	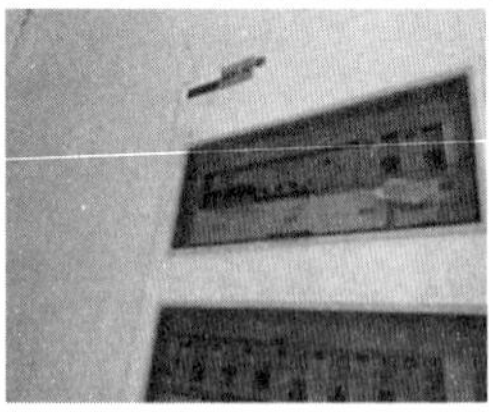	
4	卧室	1. 一楼南次卧西北角墙体开裂 2. 一楼南次卧窗户下口墙体空鼓 3. 一楼南次卧室西侧窗扇开启异响		
		4. 一楼南次卧东南角地面空鼓 5. 一楼南次卧东侧窗扇开启不畅 6. 一楼南次卧窗框外侧打胶开裂	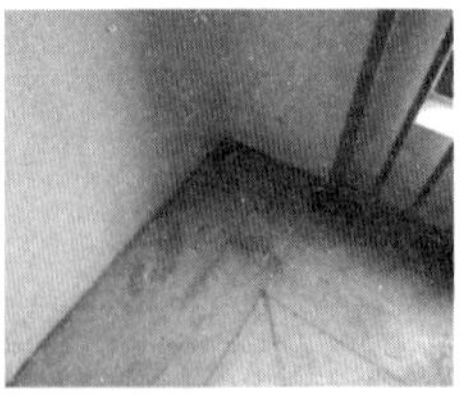	
		7. 一楼南次卧遮阳帘故障 8. 一楼过道窗户开启异响 9. 室内窗户与遮阳帘开启冲突，房间内无法打开 10. 一楼过道窗户风撑螺丝未打胶安装		

续表

序号	功能间	问题描述	照片
4	卧室	11. 一楼北次卧窗框打胶开裂 12. 一楼北次卧窗户开启异响 13. 一楼北次卧窗户外侧铝材有锈斑 14. 一楼楼梯口西墙墙体空鼓	
		15. 二楼主卧地面起砂 16. 二楼主卧北墙下侧墙体空鼓 17. 二楼主卧西墙北侧墙体开裂 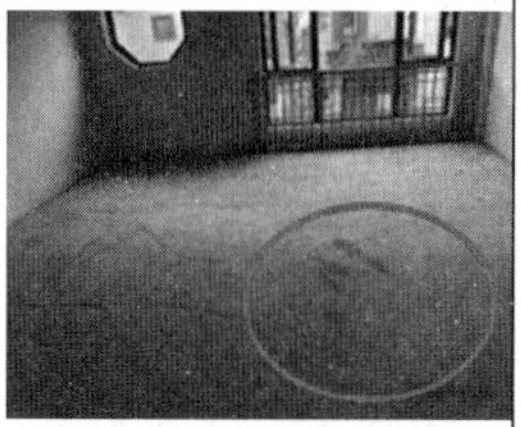 	
		18. 二楼主卧西墙南侧阴角开裂 19. 二楼主卧西南角墙体空鼓 20. 二楼主卧东南墙体空鼓 21. 二楼主卧东墙两处开裂 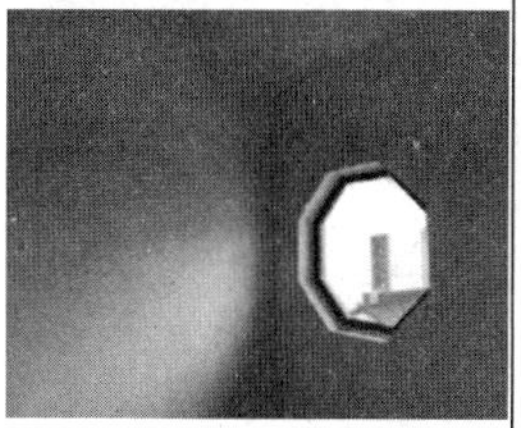	
5	卫生间	1. 卫生间地面边角空鼓、防水层起壳 2. 一楼卫生间西墙南侧上口墙体空鼓 3. 一楼卫生间西墙北侧上口墙体空鼓	
		4. 二楼北次卫西侧窗扇关不上 5. 二楼北次卫北墙西侧上口空鼓 6. 二楼主卫墙体下侧多处空鼓 7. 二楼主卫墙面排气孔洞未见套管且漏筋  	
6	地下室	1. 负一楼过道窗户把手掉漆 2. 负一楼北次卧北窗户东侧窗扇开启不畅 3. 负一楼西南下水管缺少管卡吊筋  	
		4. 负二楼东北角太阳能房太阳能漏水，地面发霉 5. 负二楼大厅东南角墙面发霉 6. 负二楼进户门子门扇闭合松动  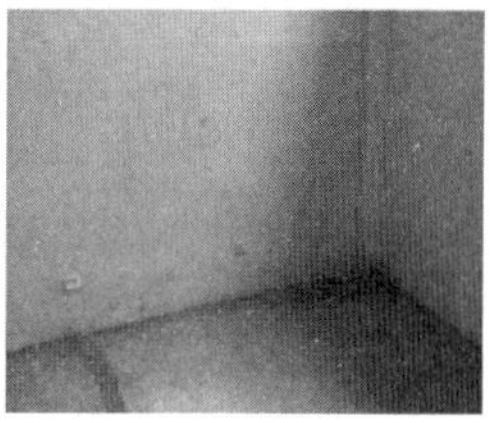	

续表

序号	功能间	问题描述	照片	
6	地下室	7. 负二楼西南采光井地面积水 8. 负二楼西北雨水提升泵管道安装不直，歪斜		
		9. 负二楼地面不平，地面大面积空鼓 10. 负二楼北过道西北角柱子歪斜		
		11. 负二楼北雨水井北墙歪斜 12. 负二楼西北采光雨水井铁梯生锈	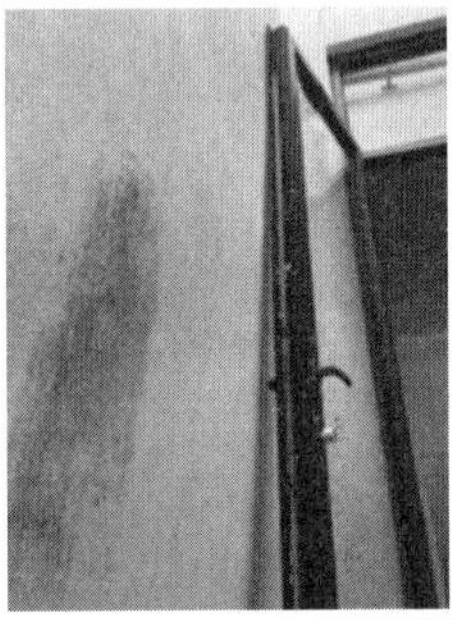	
		13. 负二楼大厅东北角阴角不垂直 14. 负二楼北过道东北角阴角不垂直 15. 负二楼大厅东南角阴角不垂直	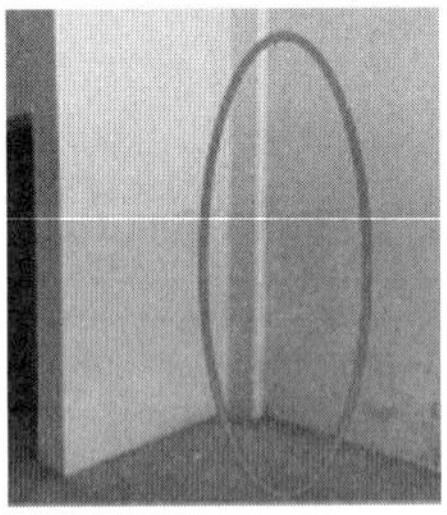	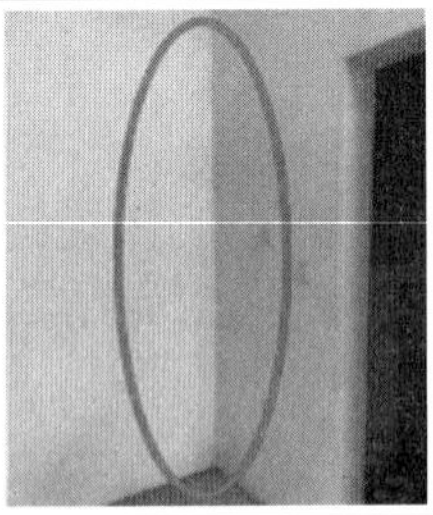
		16. 负二楼车库入户门（南）过道东侧顶棚渗水水渍	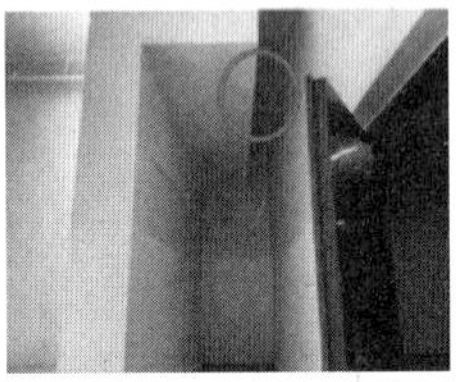	
7	院子	1. 院子西北角围墙阴角开裂 2. 院子西北角墙体下侧保温不带底，墙面防水卷材脱落		
		3. 院子西北角墙体外墙涂料色差 4. 院子屋面东北角外檐口与二楼外墙保温收口不到位	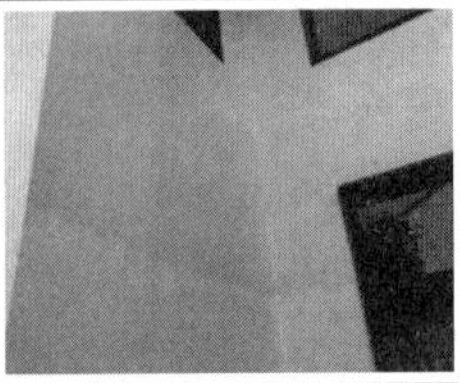	

续表

序号	功能间	问题描述	照片	
7	院子	5. 院子东墙窗檐上口外墙涂料粗糙有色差 6. 院子南卧室窗洞外侧外墙涂料有色差 7. 院子南侧采光井护栏边大理石断裂		
8	无人机视角		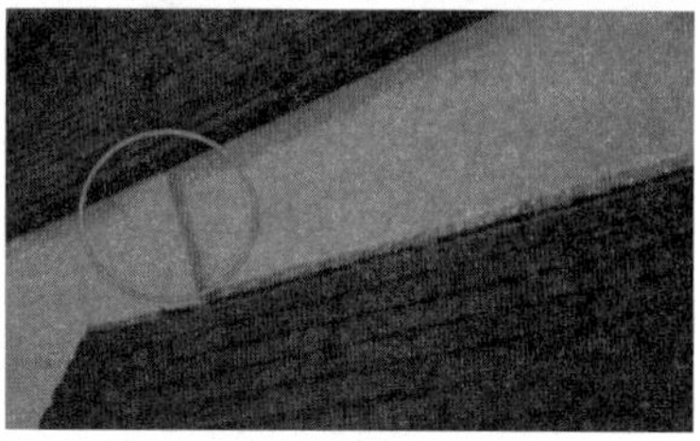	
		整体屋面	外墙立柱涂料开裂	
		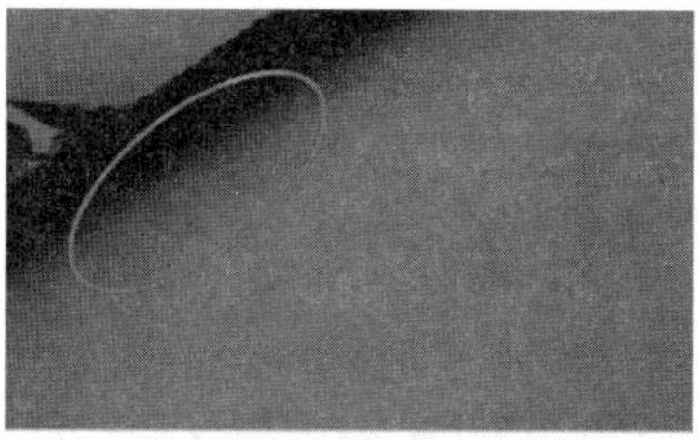	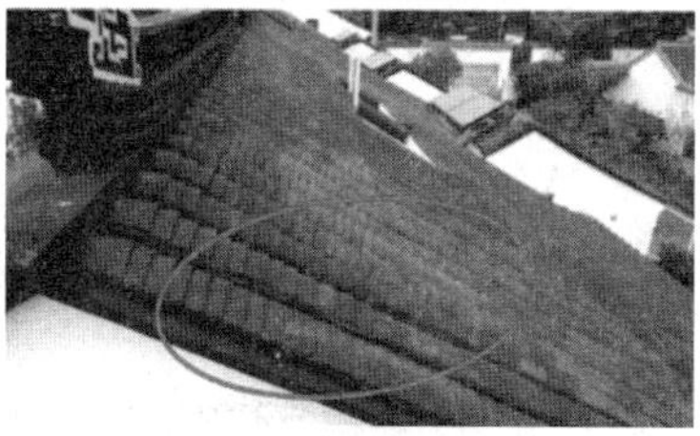	
		外墙涂料开裂	瓦片缺角破损	

		瓦片缺角破损	瓦片污染	

		瓦片污染	檐口收口粗糙	

六、主要检测问题分析

（一）验收内容：进户门防盗，防火规定

验收标准：

1. 《江苏省住宅工程质量分户验收规程》第 7.1.5 条规定，进户门外侧如无预留安装防盗门的位置，则此进户门应为防盗门或应有安全防卫措施。

2.《江苏省住宅设计标准》DGJ32/J 26—2017 中第 8.4.7 条规定高层居住建筑的户门不应直接开往前室，当确有困难时，部分开往前室的门均应为乙级防火门。

（二）验收内容：楼地面、墙面等空鼓

验收标准：墙面抹灰层与基层之间及各抹灰层之间必须粘结牢固，不应有脱层、空鼓等缺陷。

注：自然间内，面积不大于 400cm^2 的空鼓少于 2 处，可不作为空鼓缺陷。

（《建筑地面工程施工质量验收规范》GB 50209—2010 第 5.3.6 条）

（三）验收内容：墙地面起砂、裂缝

验收标准：水泥楼地面工程面层应平整，不应有裂缝、脱皮、起砂等缺陷，阴阳角应方正顺直。

备注：在分户验收中发现存在裂缝宽度较大时，应检查裂缝是否由结构层开裂所引起，当现浇混凝土出现裂缝时，应分析原因，并由施工单位提出技术方案进行处理。

（参照《江苏省住宅工程质量分户验收规程》）

（四）验收内容：垂直度、平整度、现浇楼板水平度

验收标准：

1. 垂直度允许误差 4mm，表面平整度允许误差 4mm。阴阳角方正允许误差 4mm。

2. 现浇结构不应有影响结构性能和使用功能的尺寸偏差，表面平整度不大于 10mm。

（参照标准：《混凝土结构工程质量验收规范》GB 50204—2015 第 8.3.3 条）

（五）验收内容：厨卫间地面未见防水层

验收标准：《江苏省住宅工程质量通病控制标准》第 8.4.1 条

1. 卫生间、浴室、厨房、设有配水点的封闭阳台、不封闭阳台等和其他有防水要求的建筑地面，均应进行防水设计。

2. 有防水要求的建筑地面楼板四周除门洞外，应向上做一道强度等级不低于 C20、高度不小于 200mm 的混凝土翻边。地面标高应比室内其他房间地面标高降低至少 20mm 以上。

（六）验收内容：空间尺寸偏差和极差

验收标准：室内净高极差不大于 20mm，净开间、进深极差不大于 20mm。

（参照《江苏省住宅工程质量分户验收规程》第 6.0.1 条）

（七）验收内容：关于查看相关证件

参照标准：《中华人民共和国消费者权益保护法》第二章第七条规定：消费者有权要求经营者提供的商品和服务，符合保障人身、财产安全的要求。

（八）验收内容：建议室内环境检测

参照标准：住宅装饰装修竣工后必须对室内空气质量进行检测，符合要求后方可交付

使用。

（参照：《建筑装饰装修工程质量验收规范》GB 50210—2018）

七、小结

1）房屋屋面瓦片存在缺损、污染、漏缝现象；

2）房屋外墙保温层局部破损、外墙涂料色差现象；

3）房屋内墙砖墙与混凝土墙交接处开裂现象较多；

4）房屋墙面空鼓现象较多；

5）户内铝合金窗扇风撑固定螺丝未带胶水安装；

6）房屋客餐厅、卧室地面空鼓、开裂，起砂情况较多；

7）房屋厨房或卫生间地面空鼓、防水层起壳情况；

8）地下室地面大面积空鼓、开裂、起砂；

9）地下室墙面返潮；

10）地下室采光井雨水通过管道侧排至提升泵井，侧排地漏位置偏高，容易积水、堵塞；

11）外遮阳放置与窗扇冲突，后期使用从房间内无法打开；

12）为了您的家人健康，建议新房入住前室内进行环境检测，避免装修空气污染影响您与家人的身体健康。

9.2　受开发商物业公司委托的验房报告

在受开发商/物业公司委托的验房时，验房报告不仅是项目结案报告，而且是项目结算时主要的依据，验房结束前 1～3 天内将验房报告编写完成，提交项目总监进行审核，总监审核完成后，由项目经理组织项目各参建单位做项目结案汇报，结案汇报后将验房报告通过企业邮箱发送至项目对接人。

××××××项目第三方查验总结报告

编制单位：××××工程检测咨询有限公司

编制人：×××

目录

一、项目概况

项目名称	××××××项目		
项目地址	×××××路		
业态	××	交付标准	××
服务内容	××	项目目标	××
进场时间	××	服务周期	××
项目交付时间	××	查验户数	××

二、查验情况

查验完成情况

本次查验完成×户，共计查验问题××××条，各分项问题如表 2.1 所示。

问题汇总表 **表 2.1**

序号	问题分项	责任单位	问题数
1	××	××	27308
2	××	××	6274
3	××	××	7566
4	××	××	14018
5	××	××	17283
6	××	××	7827
7	××	××	7869
8	××	××	6939
9	××	××	2221
10	××	××	2219
11	××	××	1704
12	××	××	434
13	××	××	164
14	××	××	41
15	××	××	41
16	××	××	104
17		合计	101783

各分项问题排名　　表 2.2

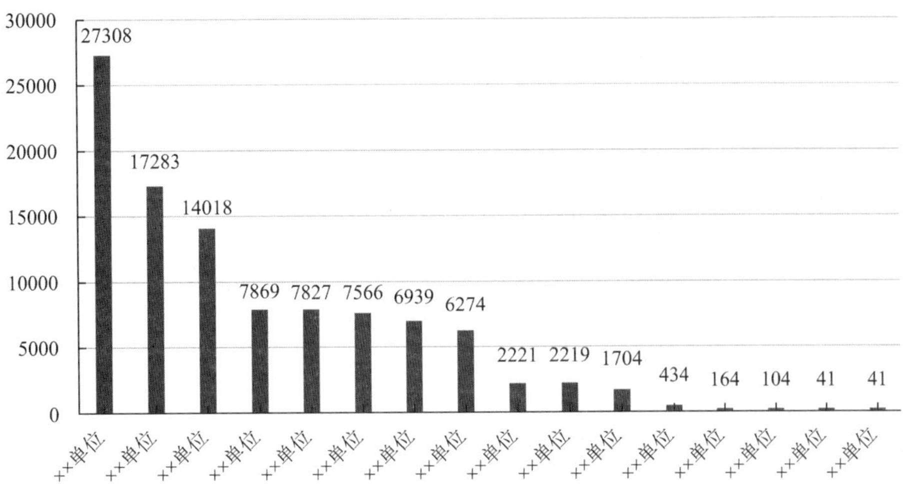

各分项问题占比　　表 2.3

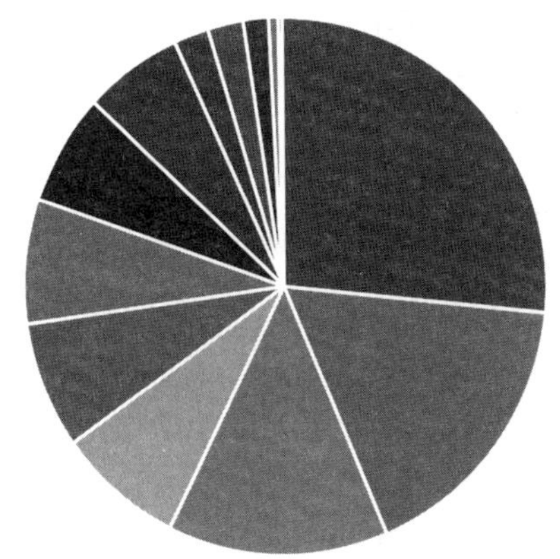

三、问题分析

设计问题

	问题描述：底盒点位错误，卫浴柜覆盖线盒无法安装 风险等级：B 风险分析：面板无法安装，线路裸露影响整体房屋质量 建议或行业优秀做法：现场重新开槽布孔

风险问题

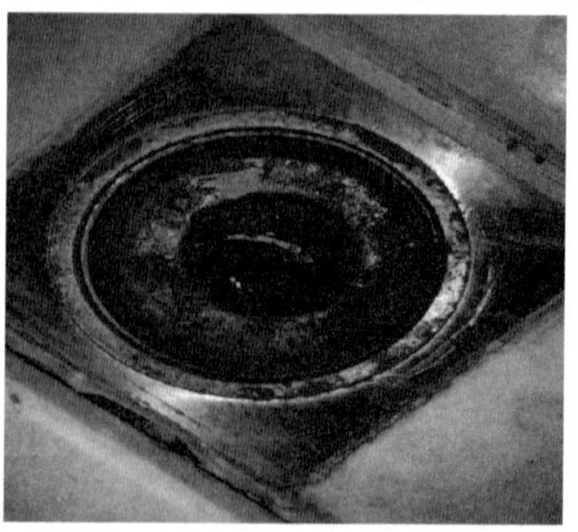	问题描述：地漏与下水管偏位 风险等级：B 风险分析：容易引起排水不畅，长时间容易产生渗漏和发霉问题，引发客户投诉 建议或行业优秀做法： 1. 严格控制下水管与墙面水平距离 2. 施工阶段发生偏差及时汇报整改
	问题描述：厨房窗台大小头 风险等级：B 风险分析：易引起客户投诉 建议或行业优秀做法：制定专项施工方案，是否重新施工，此类问题需提前预控，瓦工施工阶段做好预防措施

质量问题

	问题描述：墙地砖空鼓 风险等级：C 风险分析：空鼓问题属于客户关注重点问题 建议或行业优秀做法：空鼓墙砖长时间易引起墙砖脱落，在更换空鼓位置墙砖时，需注意对边侧墙砖保护，防止二次破坏
	问题描述：涂料吊顶开裂 风险等级：B 风险分析：开裂属于客户关注重点问题容易引起客户投诉。 建议或行业优秀做法：开裂主要集中吊顶石膏板、顶棚拐角处；建议集中整改完成后，在交付前一周再次集中开始进行维修，降低交付开裂问题隐患

四、提升建议

问题消项建议：

（1）召开消项启动会，会议主要确定：

①消项时间截止点；

②最终目标消项率；

③各家单位消项驻场负责人；

④消项流程；

⑤奖惩措施。

（2）制定整改样板间，依据样板间进行整改避免维修返工。

（3）各家单位根据自家单位问题多少、消项时间截止点，制定整改计划，并根据上述事宜自行安排每日维修工人。每日下班需在消项群内汇报具体维修人员（次日上班拍照发在维修群内，方便清点人数）、维修范围。

（4）根据样板间对各施工班组进行维修标准交底，并形成记录。

（5）一旦出现扯皮类、交叉类问题，应约工程部、第三方及相关施工单位现场判责，制定整改方案，如果三家意见一致则问题由该单位进行维修。

（6）每日约定时间召开消项会议，会议主要内容：

①每日消项合格率通报；

②每日维修不合格问题分析，整改标准交底；

③奖惩通报；

④次日维修计划；

⑤次日需要协调事宜；

⑥交叉类问题汇报，如何解决。每日会议需有会议纪要，方便查找每日会议内容。

第 10 章

常见质量问题维修

通常验房从户内验收、公共部位、园林景观三个方面进行验收，在验房过程中会遇到各式各样的问题，为了方便读者的理解和学习，总结户内验收、公共部位两项验收中部分常见质量问题和优秀做法供验收提供参考。

10.1　户内验收常见问题和优秀做法

10.1.1　入户门

入户门的质量问题主要可以分为两大类：观感质量问题和使用功能问题。观感质量问题涵盖了以下几个方面：门扇关闭后存在“大小头”、门扇压条安装不顺直、保洁不到位、收边不整齐等。而使用功能问题则包括：缺乏防撞措施、把手造成墙面损伤、门框与门槛密封不严等。为解决这些问题，以下也有优秀做法及相关示例，更多常见问题和优秀做法见表 10.1.1。

入户门常见问题和优秀做法　　表 10.1.1

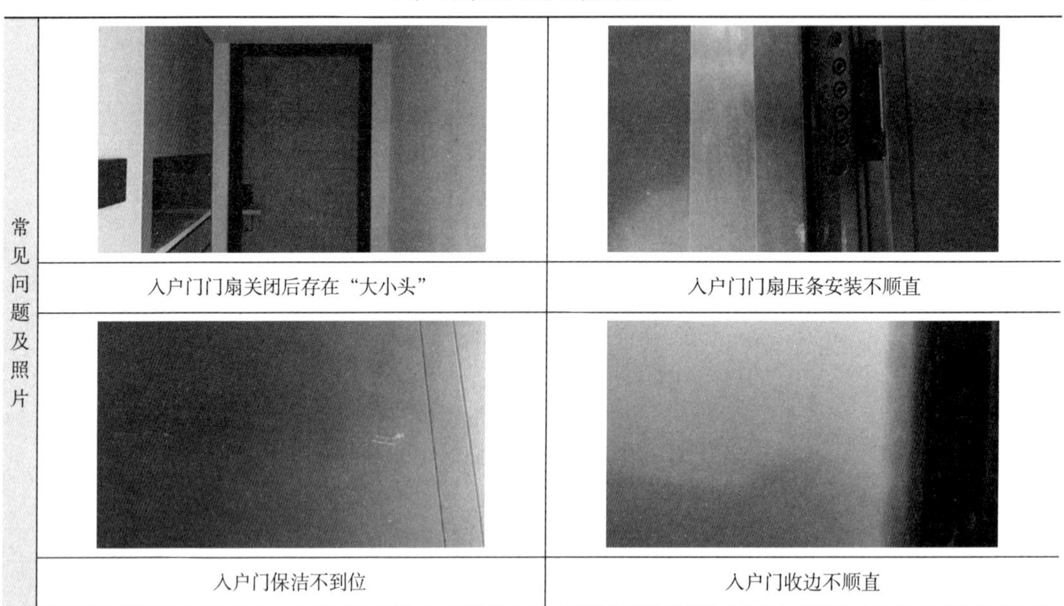

常见问题及照片		
	入户门门扇关闭后存在“大小头”	入户门门扇压条安装不顺直
	入户门保洁不到位	入户门收边不顺直

续表

常见问题及照片	入户门修补色差、掉漆	入户门门框打胶粗糙
	入户门无防撞措施、把手碰伤墙面	入户门门框与门槛密封不严
	入户门门槛存在变形	入户门防碰撞措施缺失
	入户门把手存在明显划伤	入户门门扇划痕
优秀做法	入户门洁净且周边收口顺直	入户门内侧与墙体涂料间收边规整顺直

续表

优秀做法	锁片安装方正	门框外侧墙砖面施打同色胶
	锁具开启灵活无异响	表面无划痕、无污染、色泽一致
	入户门设置防撞措施，避免与墙体碰撞损坏	锁具把手成品保护

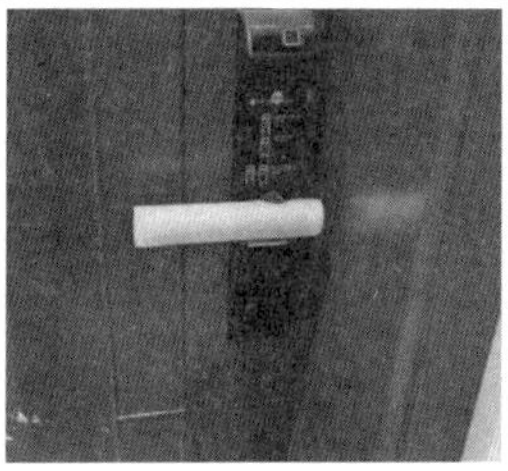

10.1.2 户内配电箱

在户内配电箱验收过程中，户内配电箱的质量问题主要是观感质量。问题涵盖了以下几个方面：箱体与墙体间收边漏黑、配电箱箱体安装歪斜、配电箱箱体掉漆、户内弱电箱内现象杂乱等，也会出现箱门无法打开的使用功能类问题。为解决这些问题，以下也有优秀做法及相关示例，更多常见问题和优秀做法见表 10.1.2。

户内配电箱常见问题和优秀做法　　表 10.1.2

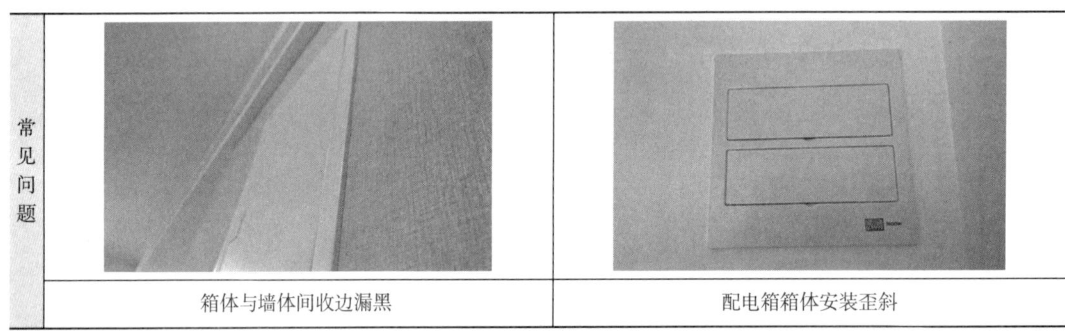

常见问题	箱体与墙体间收边漏黑	配电箱箱体安装歪斜

续表

常见问题	户内弱电箱内线路杂乱、不洁净	户内弱电箱箱门把手生锈、无法打开
常见问题	箱体与墙体收边开裂	箱体存在磕碰掉漆
优秀做法	箱体与墙体安装紧密收边到位	干净整洁、电线绑扎成束、收口美观
优秀做法	电箱与墙面收口顺直无缝隙	强电箱标识清晰

10.1.3　等电位

等电位的质量问题主要可以分为两大类：观感质量问题和安装类问题。观感质量问题涵盖了以下几个方面：面板变形、面板划痕、面板螺丝生锈等。安装类问题则包括：面板安装缺少螺丝、等电位箱与侧板冲突等。为解决这些问题，以下也有优秀做法及相关示例，更多质量问题和优秀做法见表 10.1.3。

等电位常见问题和优秀做法　　表 10.1.3

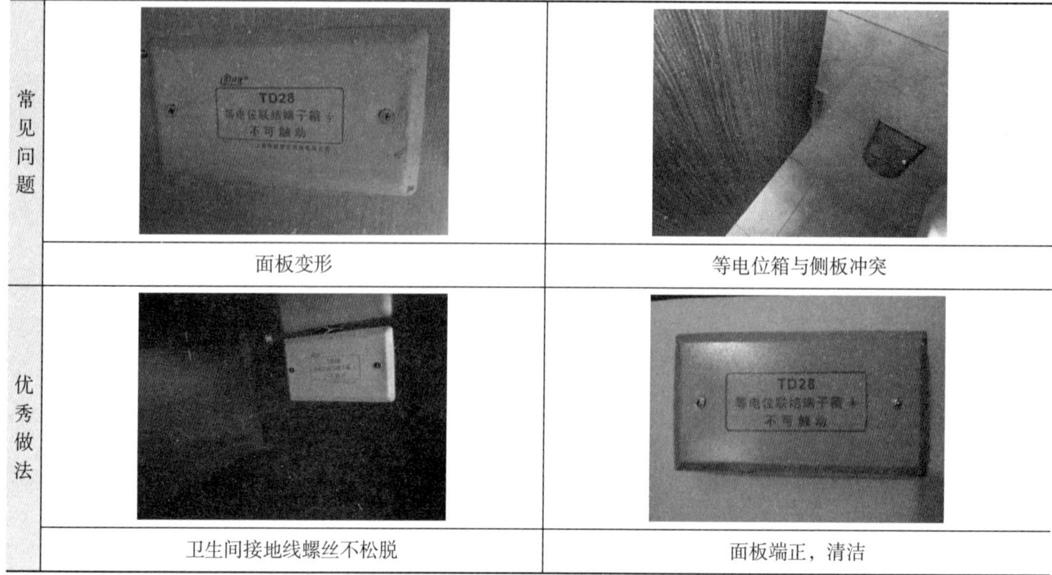

常见问题	面板变形	等电位箱与侧板冲突
优秀做法	卫生间接地线螺丝不松脱	面板端正，清洁

10.1.4　开关/插座

开关/插座的质量问题主要可以分为三大类：观感质量问题、安装类问题和使用功能问题。观感质量问题涵盖了以下几个方面：开关面板划痕、面板周边漏黑缝等。安装类问题涵盖了以下几个方面：涉水区域插座面板无防溅盒、86 盒与导管连接不规范未有锁紧装置等。使用功能问题则包括：开关面板松动等。为解决这些问题，以下也有优秀做法及相关示例，更多质量问题和优秀做法见表 10.1.4。

开关/插座常见问题和优秀做法　　表 10.1.4

常见问题	86 盒与导管连接不规范未有锁紧装置	开关面板划痕
	涉水区域插座面板无防溅盒	开关面板松动

续表

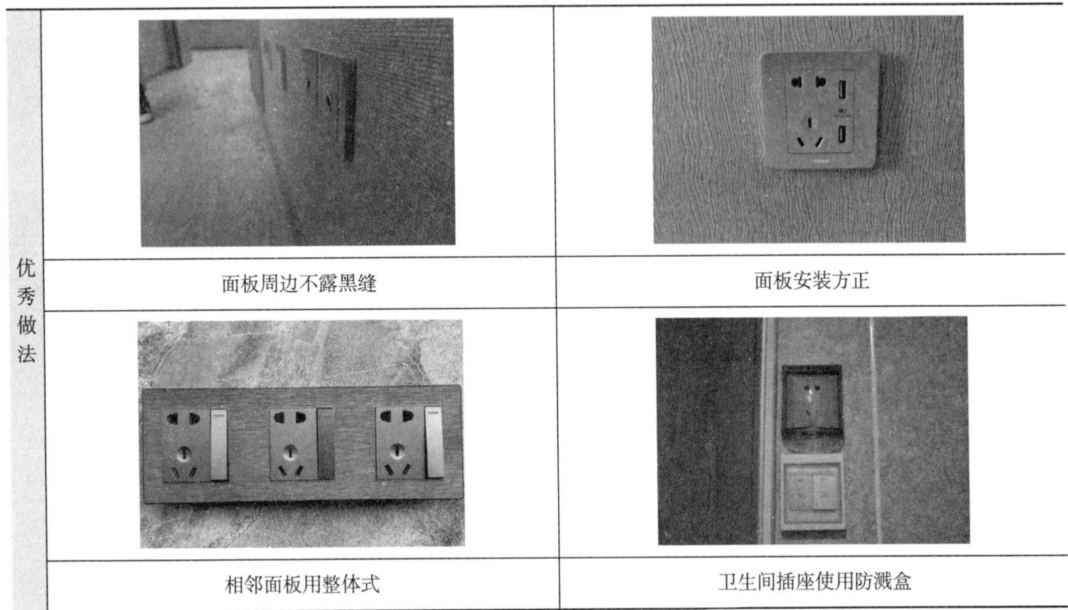

优秀做法		
	面板周边不露黑缝	面板安装方正
	相邻面板用整体式	卫生间插座使用防溅盒

10.1.5　铝合金/塑钢门窗

铝合金/塑钢门窗的质量问题主要可以分为两大类：观感质量问题和安装类问题。观感质量问题涵盖了以下几个方面：外窗框打胶粗糙不顺直、室内外窗台高低差不明显、外窗型材存在明显划痕等。安装类问题则包括：窗框螺丝缺装饰盖帽、胶条破损等。为解决这些问题，以下也有优秀做法及相关示例，更多质量问题和优秀做法见表 10.1.5。

铝合金/塑钢门窗常见问题和优秀做法　　表 10.1.5

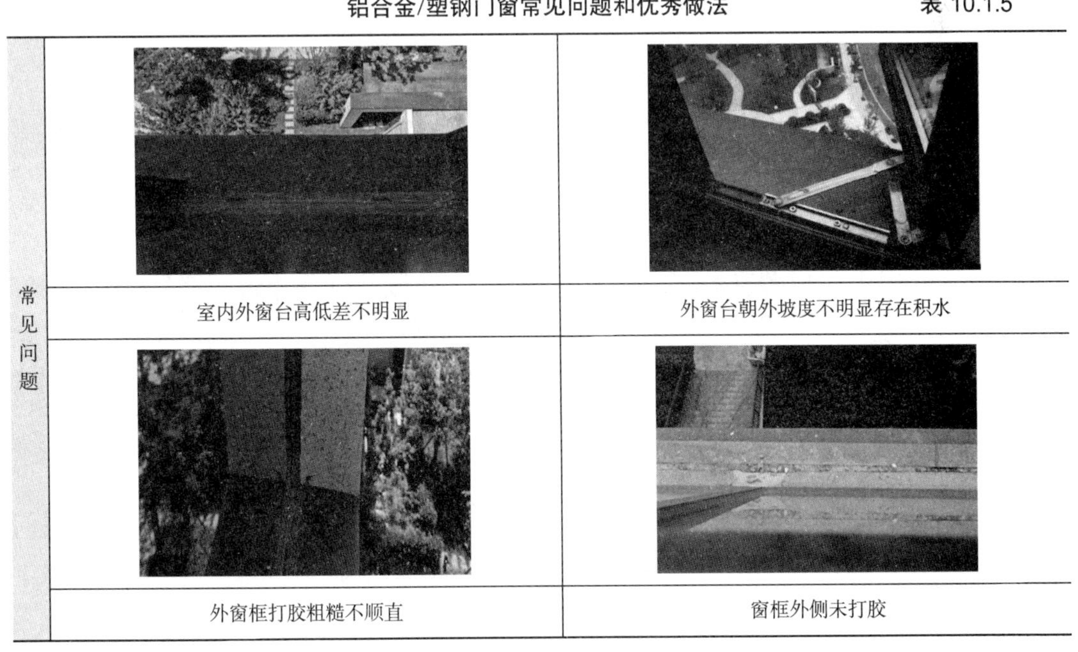

常见问题		
	室内外窗台高低差不明显	外窗台朝外坡度不明显存在积水
	外窗框打胶粗糙不顺直	窗框外侧未打胶

续表

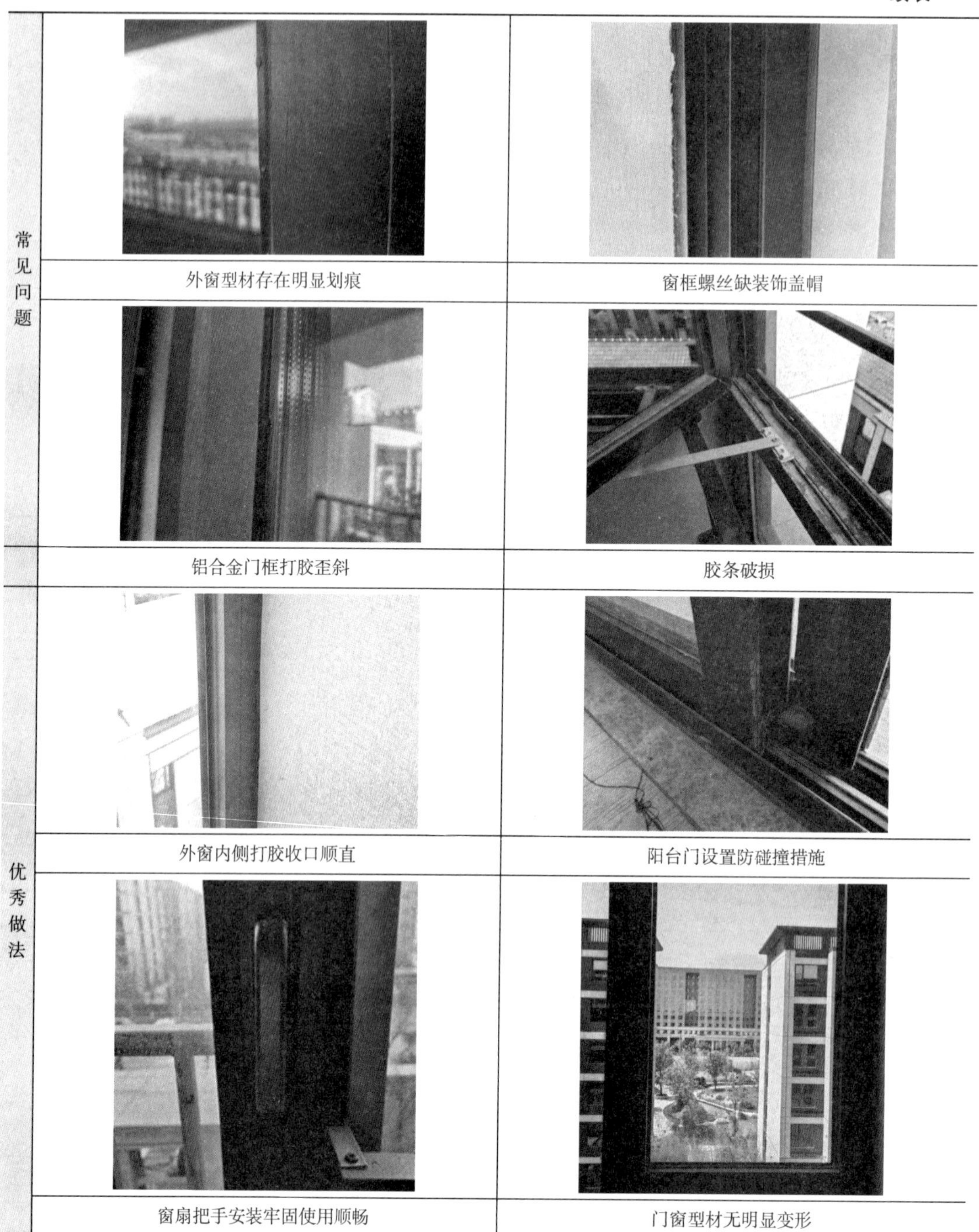

常见问题	外窗型材存在明显划痕	窗框螺丝缺装饰盖帽
	铝合金门框打胶歪斜	胶条破损
优秀做法	外窗内侧打胶收口顺直	阳台门设置防碰撞措施
	窗扇把手安装牢固使用顺畅	门窗型材无明显变形

10.1.6 阳台/露台

阳台/露台的质量问题主要可以分为两大类：观感质量问题和安装类问题。观感质量问题涵盖了以下几个方面：栏杆玻璃外侧未收口、栏杆掉漆划痕等。安装类问题涵盖了以下几个方面：阳台外侧玻璃未固定、阳台地漏点位偏差等。为解决这些问题，以下也有优秀

做法及相关示例，更多质量问题和优秀做法见表 10.1.6。

阳台/露台常见问题和优秀做法　　　　**表 10.1.6**

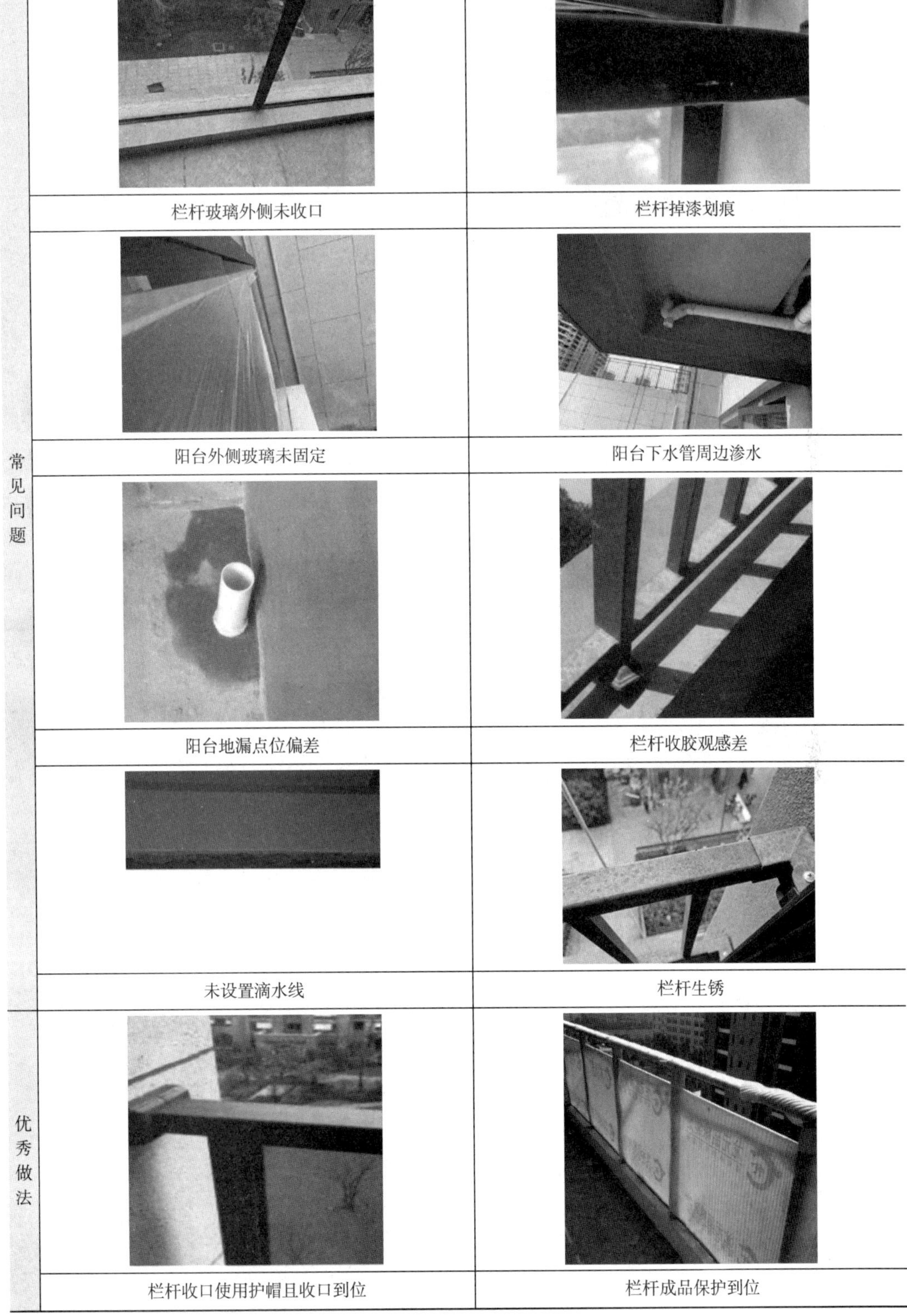

常见问题	栏杆玻璃外侧未收口	栏杆掉漆划痕
常见问题	阳台外侧玻璃未固定	阳台下水管周边渗水
常见问题	阳台地漏点位偏差	栏杆收胶观感差
常见问题	未设置滴水线	栏杆生锈
优秀做法	栏杆收口使用护帽且收口到位	栏杆成品保护到位

续表

<table>
<tr><td rowspan="2">优秀做法</td><td></td><td></td></tr>
<tr><td>使用成品鹰嘴</td><td>阳台可踏面起算至栏杆顶高度不小于 1100mm</td></tr>
</table>

10.1.7 木地板

木地板的质量问题主要可以分为两大类：观感质量问题和安装类问题。观感质量问题涵盖了以下几个方面：地板色差明显、地板表面存在划痕、破损等。安装类问题则包括：铺设不牢固、起鼓、地板大小头、地板与门槛石收口缝隙不均等。为解决这些问题，以下也有优秀做法及相关示例，更多质量问题和优秀做法见表 10.1.7。

木地板常见问题和优秀做法　　表 10.1.7

<table>
<tr><td rowspan="4">常见问题</td><td></td><td></td></tr>
<tr><td>铺设不牢固、起鼓</td><td>地板“大小头”</td></tr>
<tr><td></td><td></td></tr>
<tr><td>地板色差明显</td><td>地板装饰压条缺失、翘角</td></tr>
</table>

续表

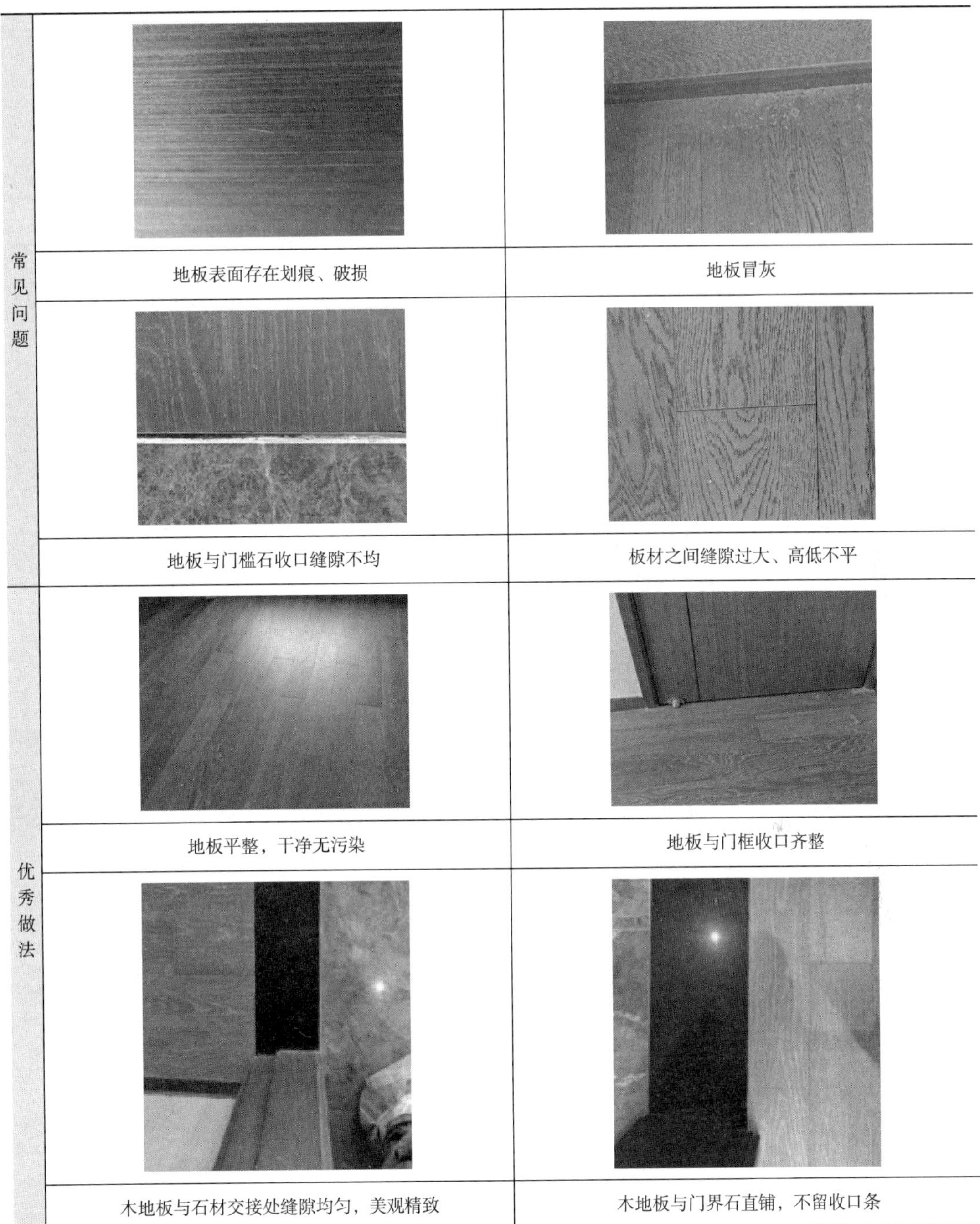

常见问题	地板表面存在划痕、破损	地板冒灰
	地板与门槛石收口缝隙不均	板材之间缝隙过大、高低不平
优秀做法	地板平整，干净无污染	地板与门框收口齐整
	木地板与石材交接处缝隙均匀，美观精致	木地板与门界石直铺，不留收口条

10.1.8　涂料

涂料的质量问题主要是观感质量问题。问题涵盖了以下几个方面：墙面、天花开裂、天花石膏线安装不顺直、吊顶粗糙、存在修补痕迹明显、色差、破损等问题。为解决这些问题，以下也有优秀做法及相关示例，更多质量问题和优秀做法见表 10.1.8。

涂料常见问题和优秀做法　　表 10.1.8

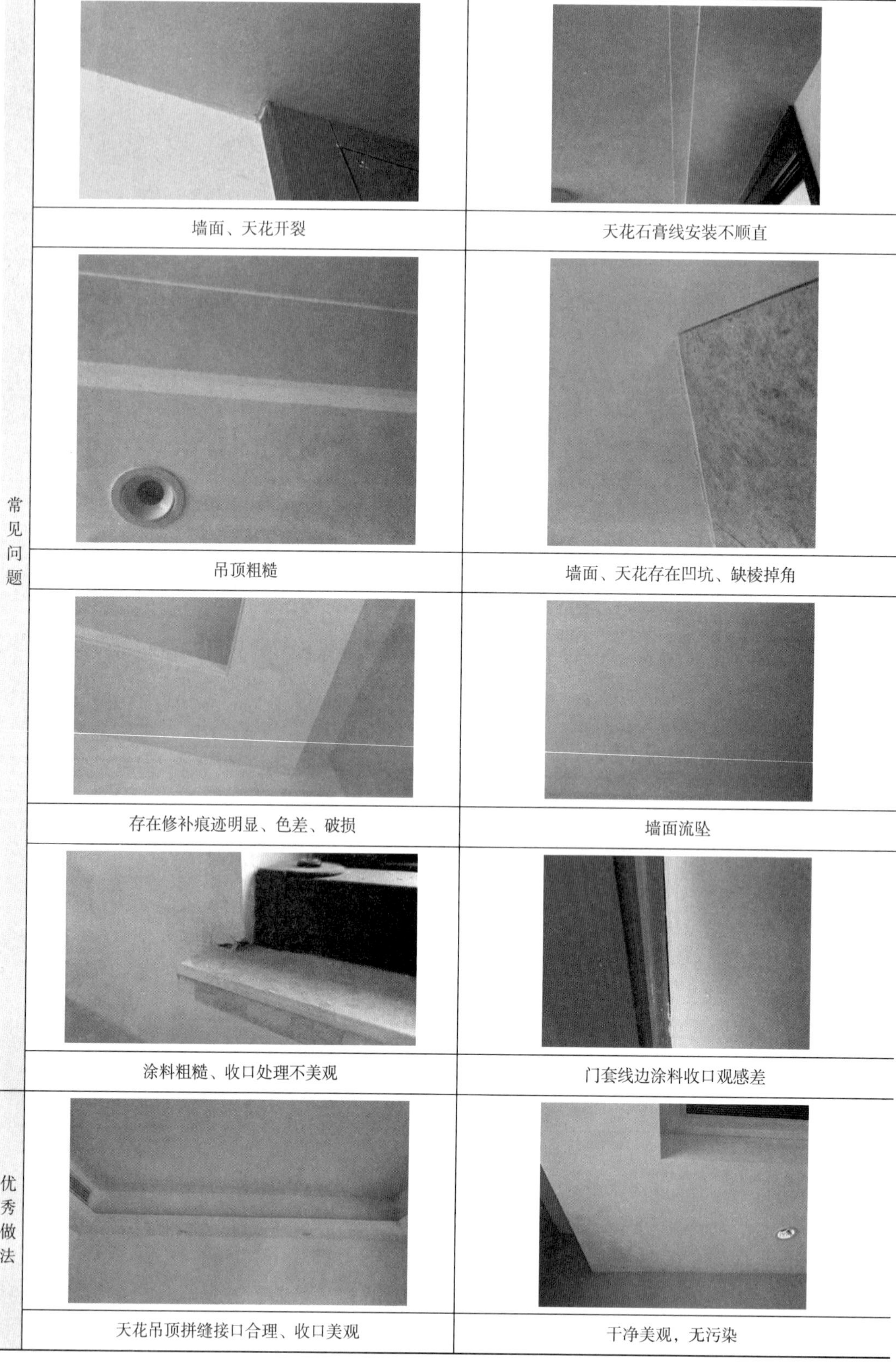

常见问题	墙面、天花开裂	天花石膏线安装不顺直
常见问题	吊顶粗糙	墙面、天花存在凹坑、缺棱掉角
常见问题	存在修补痕迹明显、色差、破损	墙面流坠
常见问题	涂料粗糙、收口处理不美观	门套线边涂料收口观感差
优秀做法	天花吊顶拼缝接口合理、收口美观	干净美观，无污染

续表

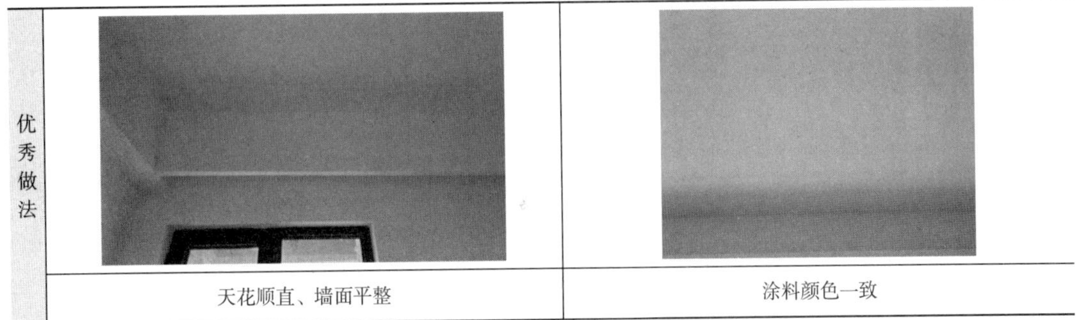

优秀做法	天花顺直、墙面平整	涂料颜色一致

10.1.9　墙、地砖

墙、地砖的质量问题主要是观感质量问题。问题涵盖了以下几个方面：墙、地砖破损、明显高低差、拼缝大小不一致、不顺直、不均匀等。为解决这些问题，以下也有优秀做法及相关示例，更多质量问题和优秀做法见表 10.1.9。

墙、地砖常见问题和优秀做法　　表 10.1.9

常见问题	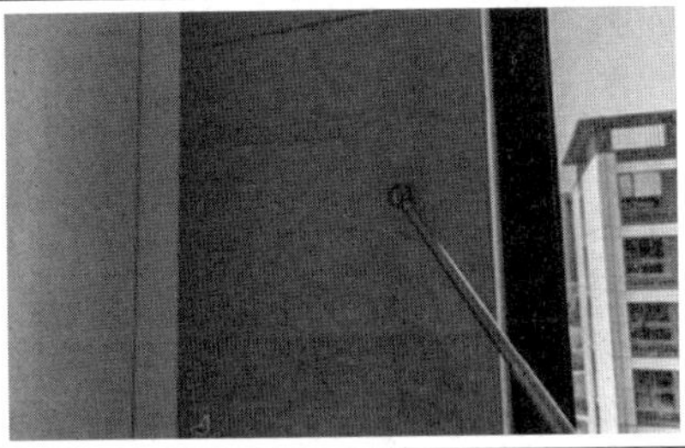	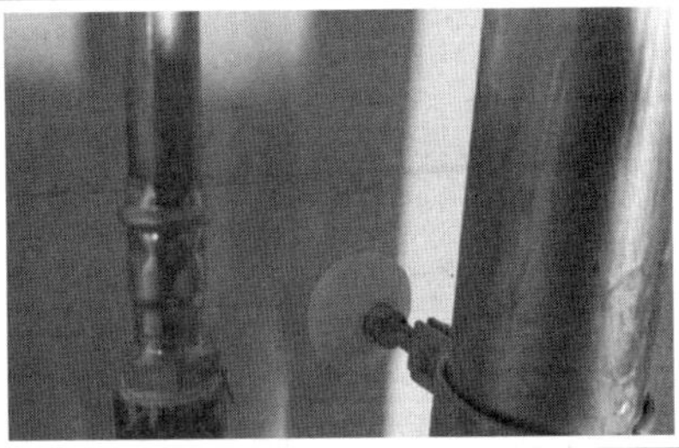
	墙/地砖空鼓	墙、地砖破损
	明显高低差	拼缝大小不一致、不顺直、不均匀
	瓷砖未勾缝；勾缝/擦缝不饱满、不连续	表面不光洁、污染

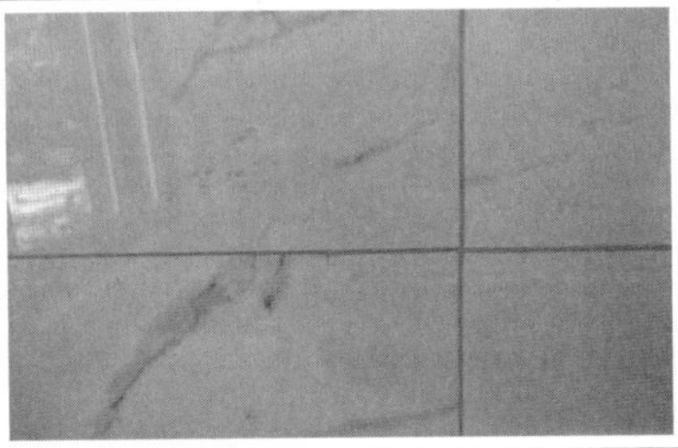

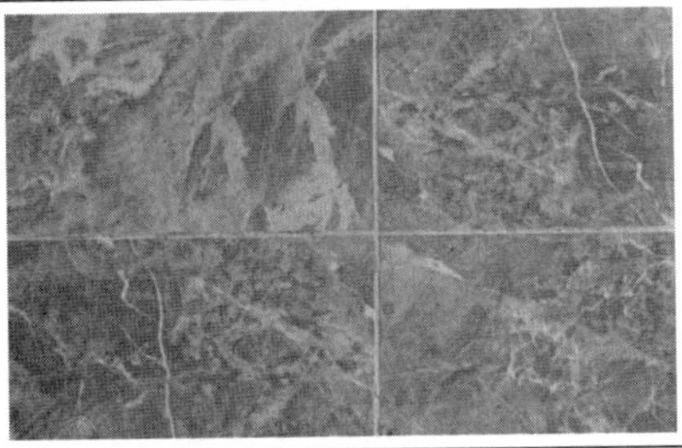

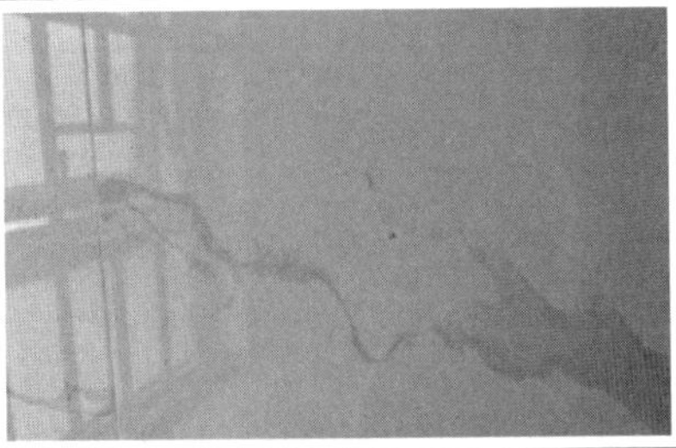

续表

优秀做法	排版合理、勾缝饱满	表面光洁无色差
	阴阳角顺直、接缝整齐美观	拼缝整齐、铺贴平整
	海棠角	墙地通缝设置

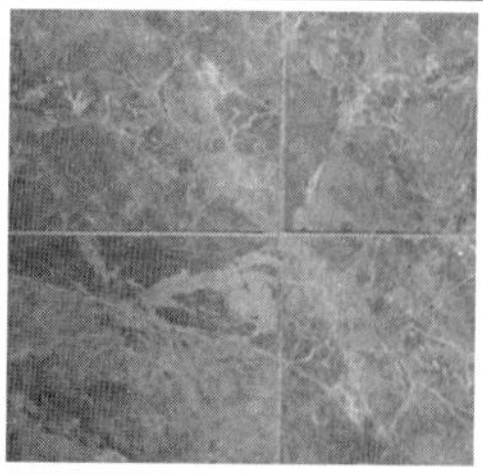

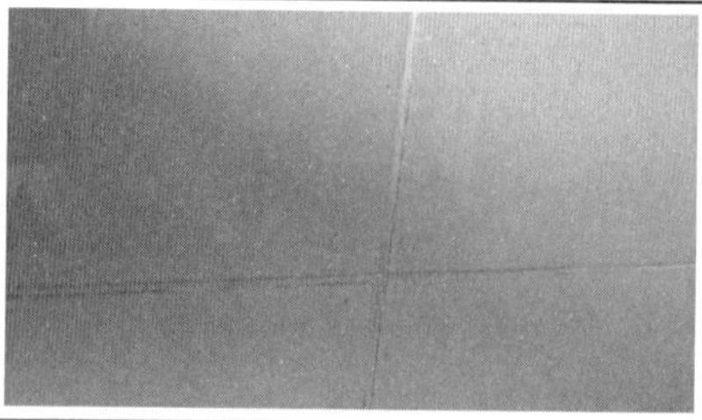

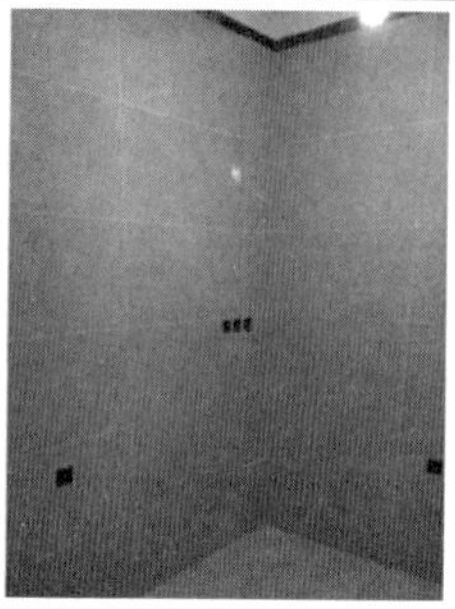

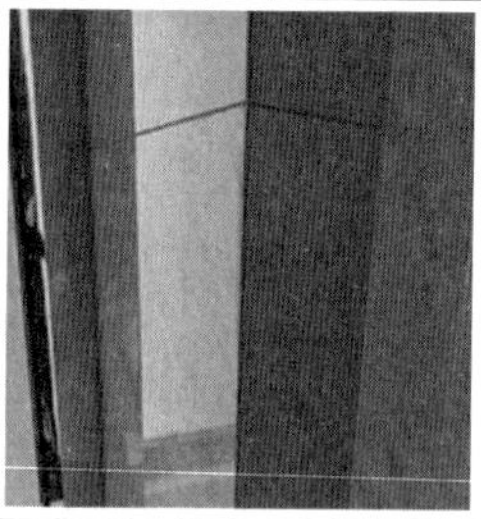

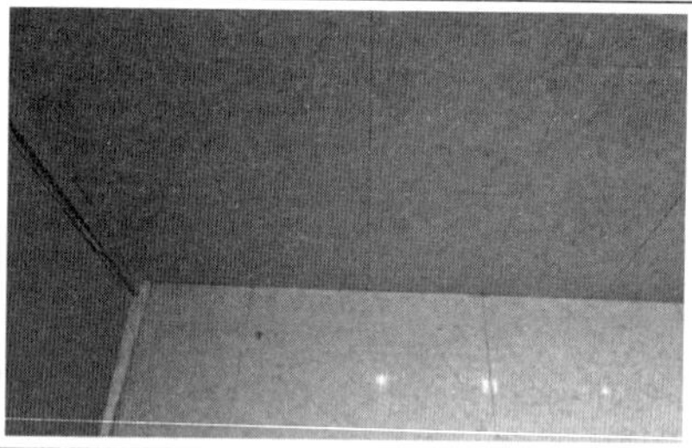

10.1.10 踢脚线

踢脚线的质量问题主要可以分为两大类：观感质量问题和安装类问题。观感质量问题涵盖了以下几个方面：踢脚线色差、拼接不齐、钉子未处理、钉眼明显、破损等。安装类问题则包括：踢脚线与地面缝隙、踢脚线下口打胶、踢脚线与其他部位收口不合理等。为解决这些问题，以下也有优秀做法及相关示例，更多质量问题和优秀做法见表 10.1.10。

踢脚线常见问题和优秀做法　　表 10.1.10

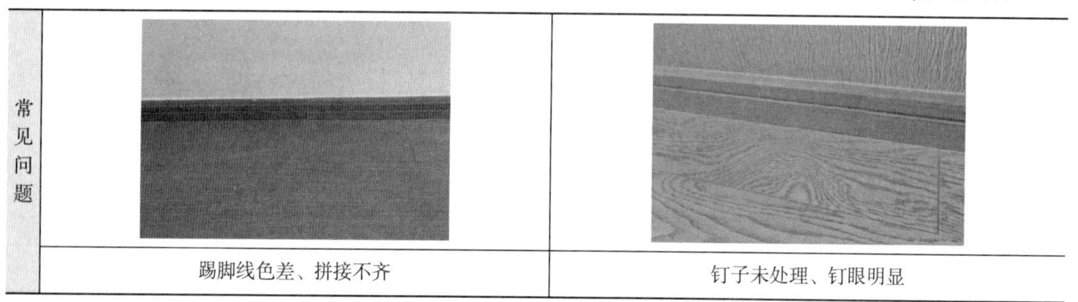

常见问题	踢脚线色差、拼接不齐	钉子未处理、钉眼明显

续表

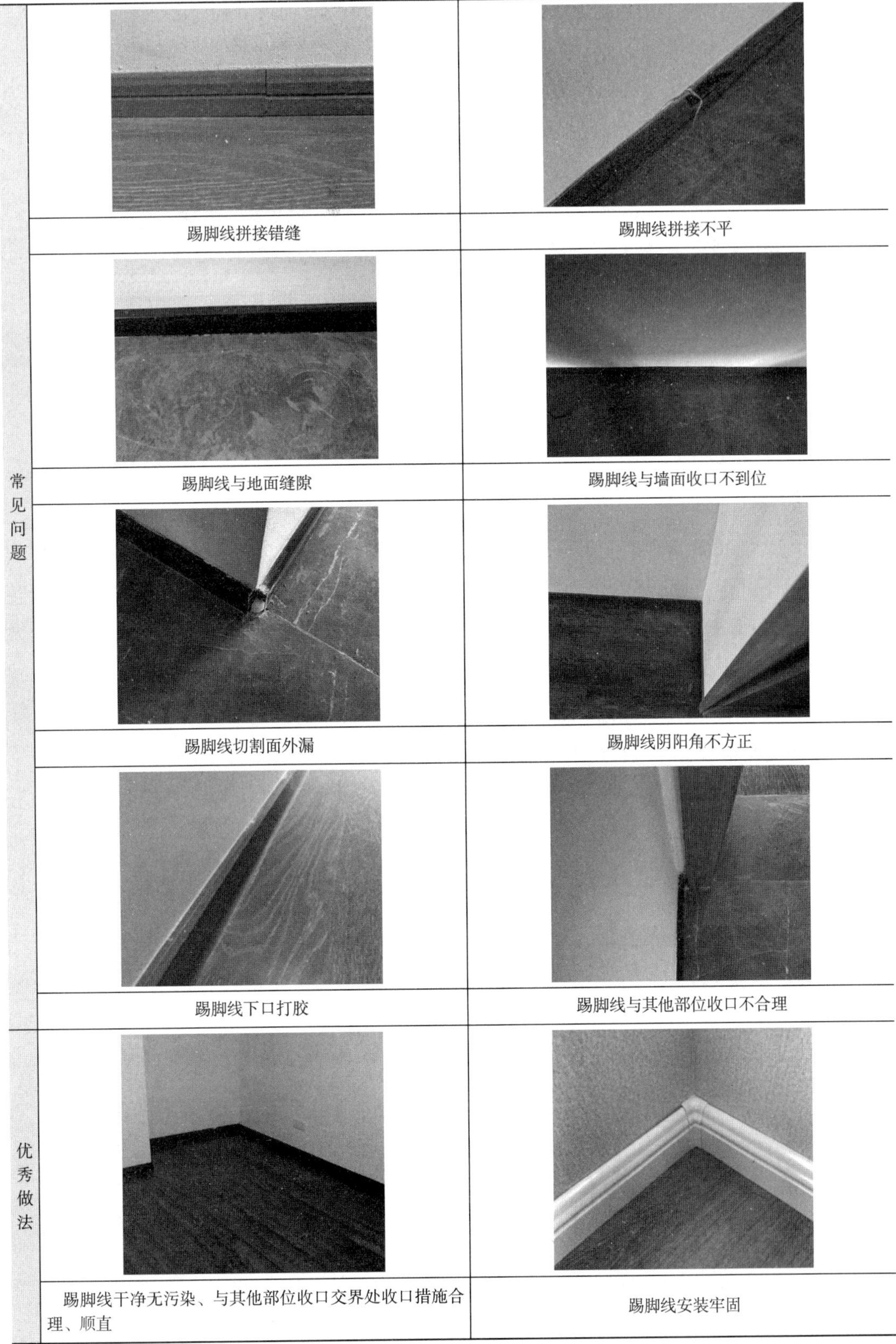

常见问题	踢脚线拼接错缝	踢脚线拼接不平
	踢脚线与地面缝隙	踢脚线与墙面收口不到位
	踢脚线切割面外漏	踢脚线阴阳角不方正
	踢脚线下口打胶	踢脚线与其他部位收口不合理
优秀做法	踢脚线干净无污染、与其他部位收口交界处收口措施合理、顺直	踢脚线安装牢固

续表

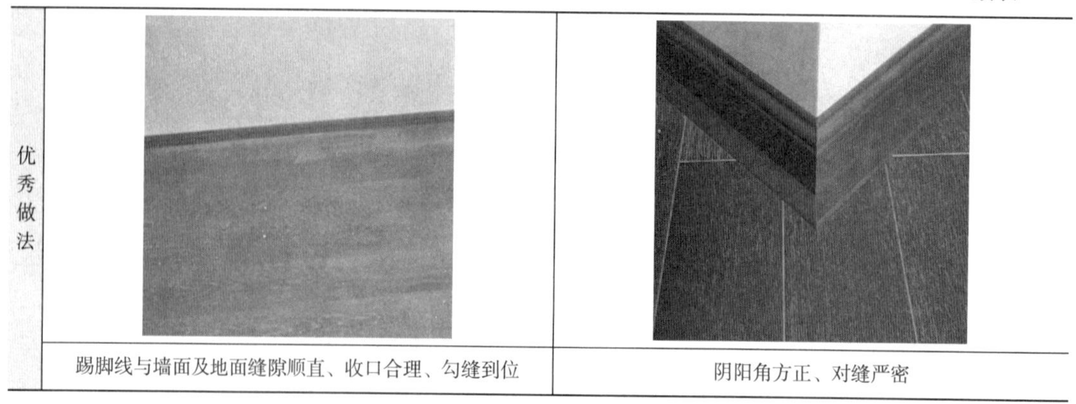

优秀做法	踢脚线与墙面及地面缝隙顺直、收口合理、勾缝到位	阴阳角方正、对缝严密

10.2 公共部位常见质量问题和优秀做法

10.2.1 单元门禁

单元门禁的质量问题主要可以分为两大类：观感质量问题和安装类问题。观感质量问题涵盖了以下几个方面：单元门禁划痕、门框/门扇划伤、单元门玻璃划痕等。安装类问题则包括：单元门门扇歪斜、门禁面板周边收边粗糙等。为解决这些问题，以下也有优秀做法及相关示例，更多质量问题和优秀做法见表 10.2.1。

单元门禁常见问题和优秀做法　　表 10.2.1

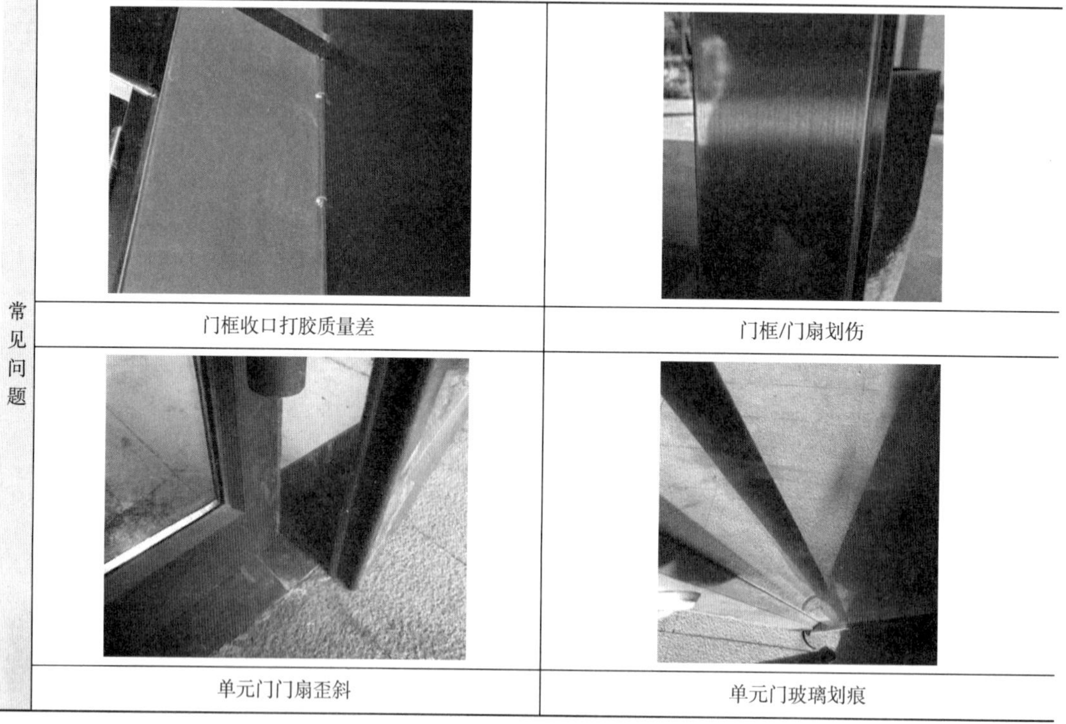

常见问题		
	门框收口打胶质量差	门框/门扇划伤
	单元门门扇歪斜	单元门玻璃划痕

续表

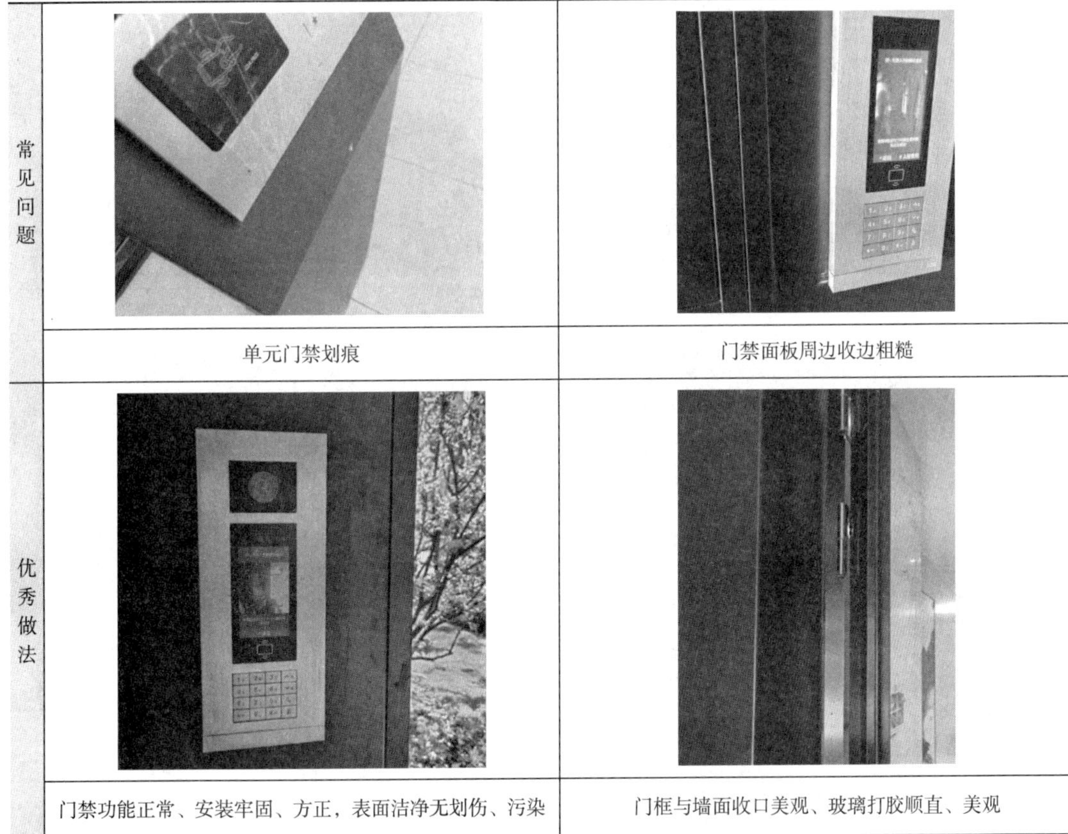

常见问题	单元门禁划痕	门禁面板周边收边粗糙
优秀做法	门禁功能正常、安装牢固、方正，表面洁净无划伤、污染	门框与墙面收口美观、玻璃打胶顺直、美观

10.2.2　地下室

地下室的质量问题主要可以分为两大类：观感质量问题和安装类问题。观感质量问题涵盖了以下几个方面：墙面及顶棚污染、渗漏、墙面污染、开裂、渗漏、涂料标识粗糙等。安装类问题则包括：回家通道照明不足等。为解决这些问题，以下也有优秀做法及相关示例，更多质量问题和优秀做法见表 10.2.2。

地下室常见问题和优秀做法　　　　表 10.2.2

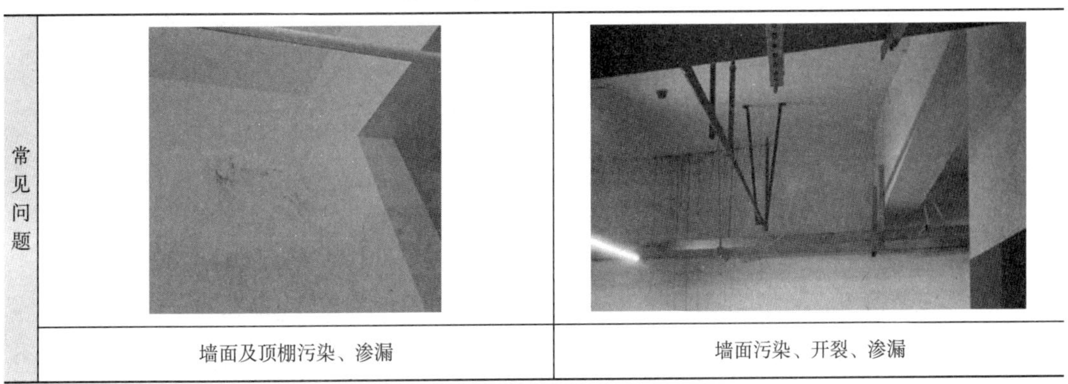

常见问题	墙面及顶棚污染、渗漏	墙面污染、开裂、渗漏

续表

类别	左	右
常见问题	涂料标识粗糙	集水井盖板周边收口粗糙、高出地面
常见问题	回家通道照明不足	地面垃圾未清理
优秀做法	限位器整齐一致，划线规范、顺直，地面平整、无污染，分色清晰、美观	
优秀做法	灯具、管道、桥架等设施安装顺直，管道分色、标识、流向清晰	

10.2.3 屋面

屋面的质量问题主要可以分为两大类：观感质量问题和使用功能问题。观感质量问题涵盖了以下几个方面：屋面地砖破损、屋面踏步开裂、避雷带生锈、屋面阴角 R 角不顺直等。使用功能问题则包括：侧排未设置钢板、电梯机房反坎高度不足等。为解决这些问题，以下也有优秀做法及相关示例，更多质量问题和优秀做法见表 10.2.3。

屋面常见问题和优秀做法　　　　表 10.2.3

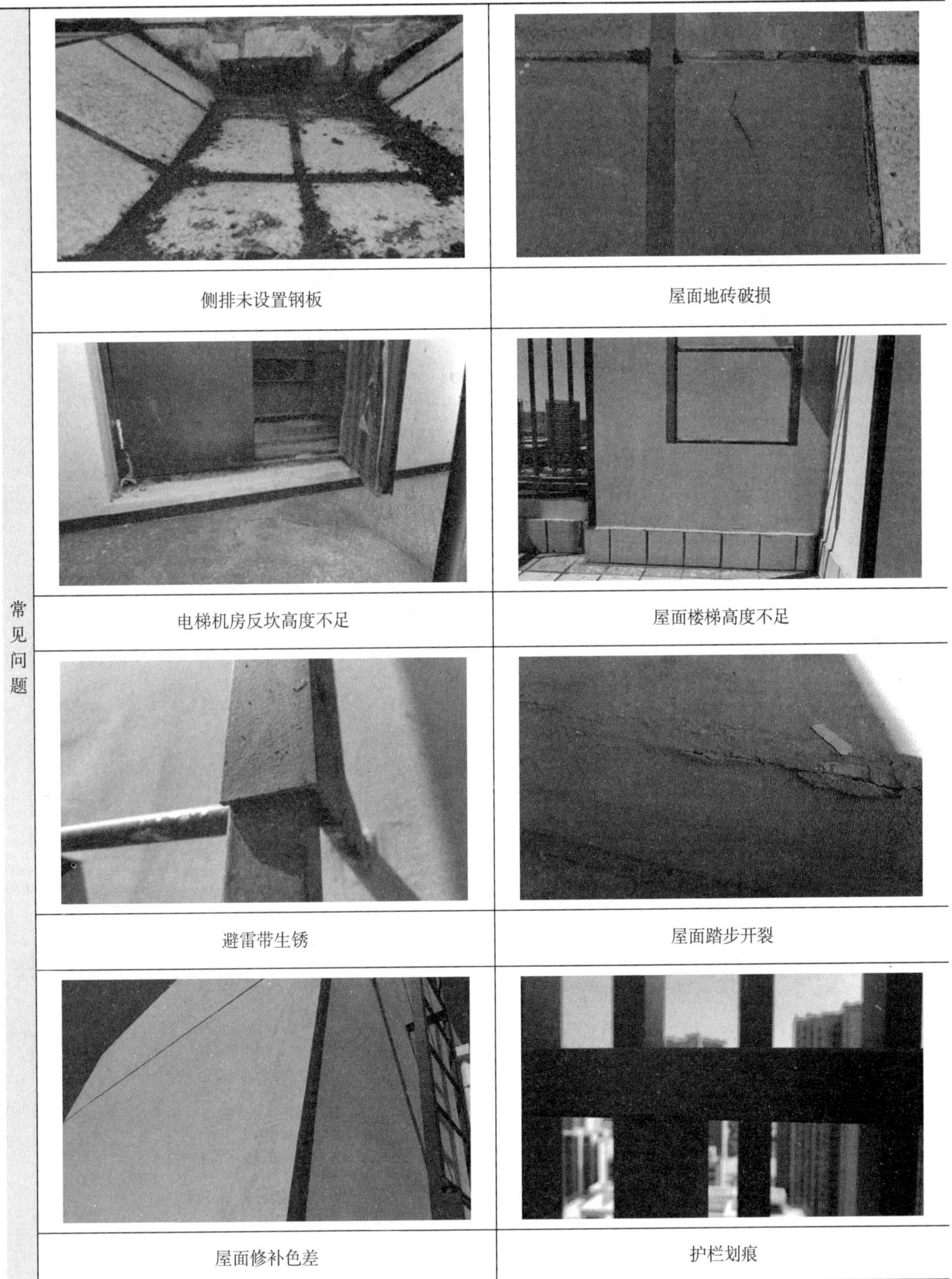

常见问题	侧排未设置钢板	屋面地砖破损
	电梯机房反坎高度不足	屋面楼梯高度不足
	避雷带生锈	屋面踏步开裂
	屋面修补色差	护栏划痕

续表

常见问题		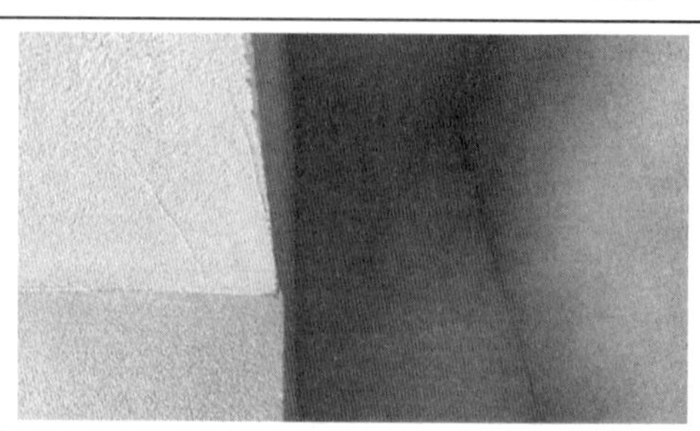
	排水口堵塞	屋面阴角 R 角不顺直
优秀做法		
	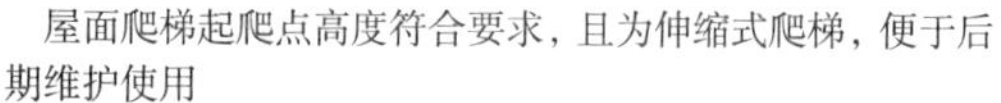 屋面爬梯起爬点高度符合要求，且为伸缩式爬梯，便于后期维护使用	屋面透气管固定措施、根部防水构造合理且美观精致

	屋面变形缝构造做法规范	屋面保温排气管设置位置合理

	屋面风帽设置防雨罩	避雷带双面满焊，焊缝均匀